空间规划体系演进与实践探索

以嘉兴市为例

沈菁　陈恳　刘茂　林海等◎著

华中科技大学出版社
http://press.hust.edu.cn
中国·武汉

图书在版编目(CIP)数据

空间规划体系演进与实践探索：以嘉兴市为例 / 沈菁等著. -- 武汉：华中科技大学出版社，2024.6. -- ISBN 978-7-5772-1121-3

Ⅰ. TU984.255.3

中国国家版本馆 CIP 数据核字第 20240HW284 号

空间规划体系演进与实践探索
——以嘉兴市为例

Kongjian Guihua Tixi Yanjin yu Shijian Tansuo
——yi Jiaxing Shi Wei Li

沈　菁　陈　恳
刘　茂　林　海　等著

策划编辑：易彩萍
责任编辑：郭雨晨
封面设计：张　靖
责任校对：阮　敏
责任监印：朱　玢

出版发行：华中科技大学出版社(中国·武汉)　　电话：(027)81321913
　　　　　武汉市东湖新技术开发区华工科技园　　邮编：430223
录　　排：华中科技大学惠友文印中心
印　　刷：武汉科源印刷设计有限公司
开　　本：710mm×1000mm　1/16
印　　张：11.25
字　　数：208 千字
版　　次：2024 年 6 月第 1 版第 1 次印刷
定　　价：98.00 元

本书若有印装质量问题,请向出版社营销中心调换
全国免费服务热线：400-6679-118　竭诚为您服务
版权所有　侵权必究

编　委　会

沈　菁	陈　恳	刘　茂	林　海	王建龙
万　鹏	陈卫琴	张洁莹	来　红	盛维忠
张国平	周贤宾	罗长海	尤建锋	赵建刚
甄延临	黄佳海	何良将	管蓓蓓	李佳俊
王迎英	赵　璇	苏　亮	庹先金	盛　洁
管晨熹	侯　松	李　安	晏　伟	潘　龙
瞿嗣澄	单新华	陈艳玲	翟　鑫	任瑞芳
郭文超	徐慧浩	俞　峰	曹秀婷	王林忠
徐天真	史琴燕	莫赵俊	周志浩	葛　欢
甄福雷	毛华佳	王　操	仲玲华	周晓然
白洪罗	徐继华	谢霖丽	吴　昀	戴明明
马宇超	鲍燕妮	曹善浩	骆初嘉	徐曼书
朱龙孝	卫星月	汤悦凯	赵　婕	李　静
钟　熠	李嘉奇	柏　云	李继涛	戚朝阳
陆一博	杨　珺	焦宇翔	叶进灼	欧阳伦丰
陈丽霞	陆德峰	房智超	郭志鹏	沈小松
田玉芮	王诗逸	游　晨	徐旗阳	宋鑫芮

目　　录

1 导　　论

21 世纪以来,我国对空间规划体系的探索进入新阶段。2013 年,中共十八届三中全会作出"推进国家治理体系和治理能力现代化"的战略部署,提出"建立空间规划体系",明确空间规划作为国家治理体系的重要部分。2015 年,《生态文明体制改革总体方案》明确将"构建以空间治理和空间结构优化为主要内容,全国统一、相互衔接、分级管理的空间规划体系"作为生态文明体制改革的目标之一。2017 年,中共中央办公厅、国务院办公厅印发《省级空间规划试点方案》,确立了"多规合一"的战略部署,提供了空间规划实践落地的指导纲领。2018 年部门改革后,自然资源部统一行使所有国土空间用途管制和生态保护修复职责,负责建立空间规划体系并监督实施,为深化空间规划探索奠定制度基础。2019 年 5 月,《中共中央　国务院关于建立国土空间规划体系并监督实施的若干意见》明确了生态文明新时代国土空间规划体系框架与目标,从此拉开全国国土空间规划工作的序幕。可见,空间规划体系构建已然是实现国土空间"战略引领"的政策抓手,更上升为国家治理体系与治理能力现代化的重要部署。探索生态文明新时代的国土空间规划体系的实践、丰富空间规划工具和提升治理能力,已成为治理空间发展失衡、开发强度失度、"三区"空间失调及空间开发失序四大问题的重要途径①。

1.1　空间规划体系在国家治理中的作用

在全球化和信息化时代背景下,国家治理体系和治理能力的现代化成为各国面临的共同挑战。在空间规划体系方面,这一挑战显得尤为突出。空间规划作为国家治理的重要组成部分,不仅关系到城市化进程和区域发展的均衡性,更是影响经济、社会、环境等方面的关键因素。因此,深入探讨空间规划体系在国家治理中的作用,对于理解和推动治理现代化具有重要意义。

---

① 孟鹏,王庆日,郎海鸥,等.空间治理现代化下中国国土空间规划面临的挑战与改革导向——基于国土空间治理重点问题系列研讨的思考[J].中国土地科学,2019,33(11):8-14.

1.1.1 国土空间规划背景下空间规划体系的内涵
与意义

国土空间规划在当前的治理体系中扮演着至关重要的角色,其深刻影响着国家的空间发展和可持续发展的路径。《中共中央　国务院关于建立国土空间规划体系并监督实施的若干意见》明确了国土空间规划的重要性和实施细节,强调了国土空间规划在国家空间发展指南和可持续发展空间蓝图中的核心地位。国土空间规划不仅是规范各类开发保护建设活动的基础,更是引导国家长远发展的重要工具。

对城市而言,在构建空间规划体系时,核心应放在生态保护和绿色发展上,这一理念贯穿规划的每一个方面。规划的范围应超越传统的城市中心,扩展到更广阔的城乡区域。这种全域视角不仅涵盖城市的繁华地段,还包括乡村的静谧田野,确保自然元素(如山脉、森林、田野、湖泊和草原)作为一个生命共同体得到综合考虑和保护。此外,为了实现城市与乡村的和谐共生,规划应特别强调城乡一体化战略。这意味着需要在城市发展和乡村振兴之间寻找平衡点,确保两者在资源共享、环境保护、文化传承等方面协同发展。同时,规划应注重保持和强化各地区的独特风貌,尊重并凸显地域文化和自然环境的特色。为了提高规划的科学性和有效性,运用现代技术手段也是不可或缺的。城市设计理念应与大数据、信息技术等现代工具相结合,通过数据分析和模拟预测来优化规划决策。这种方法不仅能够提升规划的准确性和实用性,还能在动态变化的环境中持续调整和完善规划策略。

建立空间规划体系是推进生态文明建设的关键举措。自党的十八大以来,中国特色社会主义事业在生态文明建设方面取得显著进展。这一成就的背后,是对国土空间规划的深刻认识和战略部署。空间规划被视为实现绿色生产和生活方式的基石和建设美丽中国的核心策略,其目的在于指导和规范国家空间的发展。在过去几十年的快速发展中,中国面临着生态系统退化、环境污染加剧和资源能源日益紧张的挑战,这些问题直接关系到民众福祉和国家的未来。因此,生态文明建设成为新时代中国发展的战略性任务。在此背景下,党中央提出"五位一体"的总体布局,特别强调资源节约和环境保护的必要性,以及自然恢复的重要性。因此,空间规划应遵循自然、经济、社会和城乡发展的各种规律,科学地进行规划编制。同时,应以资源环境承载能力和国土空间开发适宜性评价为基础,划定生态保护红线、永久基本农田和城镇开发边界等,为可持续发展预留空间。此外,规划还需要遵循山水林田湖草生命共同体的理念,构建生态廊道和网络,促进生态系统的保护和修复。

建立空间规划体系是实现高质量发展的重要手段。中国的经济发展正从高速增长阶段过渡到高质量发展阶段。这一阶段的特征是改变长期依赖低成本劳动力、土地和环境的发展模式,转向优化经济结构和转换增长动力。在这一转型过程中,空间规划扮演着关键角色。随着中国特色社会主义步入新时代,国土空间规划被重新定义,更加注重高质量发展和高品质生活的实现。这一转变是对经济发展规律的适应,也是为了满足人民对美好生活日益增长的需求。空间规划应通过合理配置和管控国土空间资源,引导经济结构调整和产业发展,推动城镇化进程,并确保这一过程中对农业空间和生态空间的保护。可见,建立空间规划体系不仅是实现我国经济发展的战略工具,更是保证人民群众高品质生活和城市可持续发展的关键手段。

建立空间规划体系是推进国家治理体系和治理能力现代化的必然要求。在中国改革开放的历史进程中,将国家治理提升至一个更规范、更法治化的水平成为改革的核心目标之一。这一转型的核心是提高国家治理的系统化程度和效率,而国土空间规划的现代化正是这一过程的重要部分。当前,我国的空间规划面临众多挑战,包括规划种类繁多、内容冗杂以及审批程序烦琐,这些问题不仅提高治理成本,还会影响效率,加剧管理矛盾。为了解决这些问题,我国提出将各类空间规划整合为一个统一体系的构想,实施"多规合一",建立全国范围内一体化、层级清晰、相互连接的空间规划体系。该体系旨在全面执行党中央和国务院的决策部署,反映国家的发展战略意图,并确保不同层级规划的有效执行和管理,同时制定指导性标准和政策措施,保证规划的实用性和有效性。为加强空间规划体系的作用,必须确保其在国土空间发展和保护方面的战略性作用和严格的管理。这包括确保规划一旦通过,不允许无故修改或违反规定,确保各级国土空间规划相互协调,并坚持"先规划、后执行"的原则。同时,相关专项规划必须与国土空间规划的技术标准相一致,并对任何违反规定的行为追究责任。因此,空间规划体系的建立不仅是我国治理结构改革的重要组成部分,更是实现国家战略目标和长远发展愿景的关键手段,对保障国家发展的有序性、高效性和可持续性具有重要作用。

1.1.2　空间规划体系的多维度演变

随着国家对空间治理认识的深入和转变,城市空间规划观点也经历了显著的变化。当前,城市空间规划体系被视为一种综合性的治理工具,旨在促进城市的全面和谐发展,满足居民多样化和长远的需求。

1.1.2.1　指导理论变化

随着空间规划体系理论的不断深化与发展,其指导原则和理论框架首先表现出特定的改变[①]。

一是对空间认识的变化。在新的理论认识中,空间不再仅仅是物理维度的静态表达,而是一个多维度、多层次的动态综合体,涵盖生态、社会、文化和技术等多种要素。这种理论上的转变表明,空间规划不再是简单的地块划分或土地利用规划,而是一种综合的社会生态系统管理。这一理论的演变使空间规划更加注重对人类活动和自然环境之间相互作用的深入理解和综合协调。此外,数字化带来的理论演变还包括对时间和空间关系的重新定义。在传统理论中,时间和空间常常被视为相互独立的维度。然而,在数字化的新理论中,时空被视为一个整体,强调在规划中同时考虑时间的流动性和空间的动态变化。这种新的时空观念意味着规划需要考虑长期的可持续性和短期的适应性,以及它们在不同时间尺度上的影响。

二是对"以人为本"和"人"的认识的变化。随着人口规模增长趋势的变化,以及人口结构和生活方式的演进,人们对空间规划理论的要求也发生变化。现代技术,尤其是智能手机等智能化设备的广泛应用,已经改变了人的相互关系,催生出"新人类"和"新部落"的概念。在这个过程中,"人"不再仅仅被看作标准化的人口单位或工业化生产的一部分,而是作为消费者和生产者的综合体,其对空间的需求和影响变得更加复杂和多样化。在新的空间规划理论中,人们的生活方式和行为特征成为重要的考量因素。这不仅涉及居住空间的规划,更包括公共空间、工作空间和休闲空间的设计。这种理论上的转变强调了人的生活质量和幸福感,而不仅仅是空间的效率和功能性。工作与生活的界限变得模糊,这要求规划师在空间设计时充分考虑工作和生活的融合。随着"新人类"概念的兴起,个体的多样性和群体的动态变化也成为空间规划中不可忽视的因素。这意味着空间规划需要更加灵活,能够满足不同个体和群体在不同时间和场合下的需求。综合来看,空间规划体系的指导理论正经历着由传统的人口和工业化导向转变为更注重个体生活质量和幸福感的过程。在这一过程中,技术进步、人口结构变化以及人类行为的新特征都在对空间规划的理论和实践产生深远的影响。空间规划不再仅仅关注物理空间的配置,而是变得更加关注人的需求和体验,更加强调空间的灵活性、多样性和人性化。

---

① 庄少勤,赵星烁,李晨源.国土空间规划的维度和温度[J].城市规划,2020,44(1):9-13+23.

三是对规划本身认识的变化。在传统观念中,规划通常被视为一种引领和约束发展的工具,其核心在于对物理空间的划分和利用。然而,随着时间的推移,特别是在生态意识日益增强的当代,规划的理念和目标发生深刻的转变,即从传统的"工业理性"向"生态理性"演化。这种新的规划理念强调的不仅仅是空间的有序开发和利用,更加注重对生态系统的维护。它要求规划师不仅能解决当前的问题,更要采取前瞻性的措施预防生态问题,即所谓的"治未病"。在这个过程中,规划设计与治理融为一体,形成综合性的生态治理模式。随着数字化生态的兴起,规划理念也必须适应"新时空"和"新人类"的出现。规划的"理性"不再局限于传统的工业和物质导向,而是转向对人与自然相互作用和感性行为规律的深入理解。这种新的"理性"要求规划师不仅理解和响应当前的需求,还要具备预见和适应未来变化的能力。未来的规划不仅在于空间的配置和管理,更在于如何构建和维护一个健康的生态系统,并要求对规划进行全面的重构,以确保规划的有效性和可持续性。此外,规划还被视为一种时空的艺术,不仅需要关注当前,还要有未来的视角。智慧规划被视为实现这一目标的关键途径,代表了在数字化生态下对"道法自然"的一种现代解释。这种理念下的规划不仅追求技术和工具的进步,更强调人与自然的和谐共生,以及对未来发展的灵活适应。

1.1.2.2 制度逻辑变化

随着时代的发展,空间规划体系的制度逻辑也经历了从工程体系到治理体系的重大转变。这一转变不仅是对时空认识演变的适应,也是对时代发展要求的响应。在新的生态文明时代背景下,空间规划体系的建立必须紧密围绕绿色发展方式和生活方式,实现人民对美好生活的期盼,并与治理体系和治理能力现代化的新要求相协调。

新时代的空间规划体系着重强调生态文明的空间治理原则,突出表现为三个主要特征。

一是"走新路",这意味着空间规划体系必须坚持新发展理念,以生态优先和绿色发展为导向,致力于发展高质量路径。这一转变不仅要求空间规划体系在技术和方法上创新,还要求在理念上更新,以确保生态环境得到有效保护,同时实现经济社会的协调发展。

二是"守初心",即始终坚持以人民为中心的规划原则。这要求空间规划工作必须紧密联系人民的实际需求,确保群众能够真实感受到空间规划带来的获得感、幸福感和安全感。这种以人为本的规划理念意味着在空间规划过程中要充分考虑居民的生活质量、社区的可持续性和环境的友好性。

三是"接地气",即空间规划必须基于实际情况,务实高效。空间规划工作要避免空谈理想、纸上谈兵的情况,确保空间规划成果能够真正落地实施,有效地解决实际问题。这就要求空间规划不仅要有前瞻性和创新性,还要有可操作性和实用性。

这种新的空间规划体系的制度逻辑不仅符合当前的经济发展方式、人民生活方式和社会治理方式的时代要求,也反映了空间规划在促进社会可持续发展中的关键作用。通过这种转变,新的空间规划体系将更加注重综合治理、系统思考和人本关怀,能够更好地引领和支撑社会的全面发展和进步。

1.1.2.3 规划系统变化

在新时代的背景下,空间规划体系的重构成为一项系统性、整体性的改革工程,涉及"四个体系"的重构,即规划编制审批体系、实施监督体系、法规政策体系和技术标准体系。这一重构的核心目标是将原本分散的多项规划合并为一个统一的体系,即所谓的"多规合一"。

"多规合一"的核心在于整合原本独立的多个规划体系,以达成规划内容的整合性与和谐性。这一过程不仅强调提升规划的战略性、权威性、科学性及实际可执行性,而且强调确立清晰的目标和问题解决的方向,并重视规划的有效执行。此项改革的目的在于优化规划管理的架构和运作方式,恰当处理政府与市场、中央与地方、决策制定与实施运行,以及监督机制之间的动态关系,从而保障规划体系高效运作。

在实际操作层面,国土空间规划的"五级三类"体系既维护了"多规合一"及其整体规划的连贯性与统一性,也充分考虑了各地方及不同空间和领域的特殊性。该体系在不同层次上与国家的行政管理层级相呼应,并为省级及以下的地方政府提供相当程度的自主权。这种设计的灵活性使得地方政府能够基于本地实际情况,制定更为贴合的规划方案。这种规划并不限于行政区划,还可以扩展到生态区域、流域管理等非行政区划领域,如以流域或区域合作为单位的规划。

实施"多规合一"战略也包括建立一套统一的基础框架,包括数据基础、评价标准、共享平台和管理体制。这意味着规划将依托于全面的国土调查数据,确保信息的准确性和一致性。规划标准将根据新的治理要求重新设计,摒弃仅拼接传统工程体系的方法。此外,规划平台将构建在"国土空间基础信息平台"之上,作为数字化生态的基石,推动城市信息模型、智慧城市及数字化国土建设的进程。此外,为了保证规划的有效实施和管理,监督、评估和预警等管理制度也将进行统一和规范。

在空间规划体系的重构过程中,集成原有规划体系的各项优势至关重要。这包括融合并强化主体功能区规划的全局性和综合性、城乡规划的专业技术和系统方法,以及土地利用总体规划的具体政策指导和实操能力。这样的整合策略旨在结合各种规划的长处,打造一个更为全面、效率更高、具备战略深度的一体化规划体系。通过这种重构,国土空间规划更能适应新时代的要求,确保空间资源的有效、科学及可持续利用。

1.1.3　空间规划体系中的央地政府关系演变

重塑空间规划体系以适应新时代的要求,需要放眼于国家治理的宏观格局。空间规划体系不仅反映中央政府的指导思想,还能在地方治理中得到高效执行,同时紧密贴合人民群众的实际需求。这种新构建的体系旨在迎合现代化的国土空间治理需求,增强整体治理能力,有效应对存在的种种挑战。我国在国土空间治理上的一个主要问题是,不同规划与各类用途管制制度间常常产生冲突。这些冲突表面上看似源于部门之间的多头管理,但其根本原因是中央与地方在事权上的界限不明确,从而引发纵向的种种争议和矛盾。因此,空间规划体系改革关键是理顺中央与地方的事权关系和职责划分,促进两者之间的有效协作,这是推进空间规划体系变革的基石。这种协作机制的建立,可以确保规划的顺利实施,同时满足国家和地方的具体需要。

1.1.3.1　中央主导(1949—1977 年)

在计划经济时期,国家的央地关系体现为一种严格的科层制结构。中央政府拥有对国土开发和经济发展的决定权,而地方政府的角色主要被界定为执行中央的决策和计划。在这一时期,中国采用的是"统收统支"的财政体制,由中央政府统筹全国的经济发展[①]。

中央政府的主导地位不仅体现在财政和经济政策上,还深刻影响到城市和农村的空间布局及发展。由于中央政府制定的"一五"计划,城市规划权也随之归于中央,空间规划成为中央的事权[②]。城市规划成为国家经济计划的空间表现,这意味着规划的主要目的是实现国家的工业化和现代化目标。

---

① 朱旭峰,吴冠生.中国特色的央地关系:演变与特点[J].治理研究,2018,34(2):50-57.
② 冯健,苏黎馨.城市规划与土地利用规划互动关系演进机制及融合策略——基于行为主体博弈分析[J].地域研究与开发,2016,35(6):134-139.

这一时期央地目标高度一致,地方政府的主要职责是执行中央的指示和规划。这种体制虽然在一定程度上可以保证国家政策的统一执行和国家层面的发展目标的达成,但也可能抑制地方特色和创新的发展。城市和农村的土地使用制度就是一个突出的例子。城市土地的无偿划拨制度和农村土地的集体所有权制度为中央政府在空间治理上提供坚实的基础,确保中央政府的规划能够在各个层级得到有效执行,进一步强化中央政府在空间治理上的控制力。这种城市规划往往更多地关注工业化和大型基础设施项目,而较少考虑到地方的环境、社会和文化特点。这种自上而下的规划方式在实现国家级目标方面虽然效率较高,但也可能导致地方需求和特色被忽视,从而影响城市和农村的长期可持续发展。

1.1.3.2 地方主体意识增强(1978—1993 年)

改革开放后,中国的央地关系发生显著的变化。在这一时期,中央和地方政府的财政体制转变为"分灶吃饭",地方政府获得对发展剩余收益的更多控制权。这种财政制度的变化加强了地方政府作为规划利益主体的意识,并且促进地方政府与地方企业形成利益共同体。随着这一转变,城市规划与地方政府的权益更加紧密地耦合在一起。地方政府的主导作用在城市规划领域得到增强,城市规划开始被视为一种政策工具,用于吸引投资、为各类企业和项目提供落地条件。这标志着城市规划从单纯的开发建设转变为更多地服务于地方政府的经济发展目标。在这种背景下,地方政府开始利用城市规划来推动经济增长,特别是在吸引外来投资和支持地方企业发展方面。这不仅改变了城市规划的角色和功能,也对城市的空间布局和发展产生了深远影响。地方政府在规划实施过程中拥有更大的自主权,但这也带来了中央政府与地方政府在规划管理和执行上的协调问题。

以此为背景,中央政府也着手探索更加有效的政策工具,以引导和管控国土空间的开发秩序。这一时期,中央政府的策略包括在区域尺度上尝试不同的空间治理模式,并加强对建设用地的调控。自 20 世纪 80 年代起,中央政府开始编制各级国土规划和各类区域规划。这些规划的目标是在更宏观的层面上进行空间治理,以更好地引导区域均衡和地方发展。然而,这些初期尝试面临实施保障制度缺乏的问题,从而限制了对地方政府的实际约束力。即便如此,这种探索仍标志着中央政府在空间规划方面逐渐增强关注和干预。同时,中央政府也在加强对建设用地的管理。1984 年,中央政府颁布《城市规划条例》;1990 年,中央政府开始实施"一书两证"制度;1986 年颁布的《中华人民共和国土地管理法》进一步确立"分级限额审批"的土地管理制度模式。这些举措表明中央政府在加强对城市发展和土地使用的控制,意在通过更加严格的法规和制度来规范城市规划和土地使用①。

然而,在计划经济主导、辅以市场调节的体系中,空间规划在协调中央政府的管控目标和地方政府的扩展愿望方面,面临一定的挑战,特别是在开发与环境保护之间的平衡上。在这一时期,地方政府开始在发展策略上表现出更多的独立性。通过《全国城市规划工作会议纪要》和《城市规划条例》的发布,城市规划被强调为促进城市经济和社会发展的关键。这些政策不仅提升了地方政府在规划实施中的自主性,也增强其在发展决策中的主动性②。与此同时,土地资源尤其是耕地的高强度利用,突出土地保护的紧迫性。中央政府通过颁布《中共中央、国务院关于加强土地管理、制止乱占耕地的通知》和《中华人民共和国土地管理法》,强调了土地资源尤其是耕地的严格管理。这些措施不仅凸显了土地资源保护在空间规划中的关键性,也体现出中央政府在土地管理方面的权威。此外,环境保护在国家规划中的重要性也日益增加。特别是在"六五"计划中,环境保护被单独列为一个重要章节,中央政府随之颁布《中华人民共和国环境保护法》,并制定具体的环境保护工作内容和管理细则。这些举措不仅标志着环境保护在国家发展规划中的地位提升,也反映出国家对于可持续发展理念的日益重视,展现了我国在环境保护和可持续发展方面的努力与承诺。

总之,尽管在这一时期中国进一步完善了城市空间规划体系,但各部门在空间发展目标上存在差异,导致各类规划的演进路径呈现出一定的分异。这种分异在一定程度上反映了中央与地方在空间规划实施中的不同重点和优先级,也暴露出协调各类规划以实现统一发展目标的挑战。

1.1.3.3 央地矛盾升级(1994—2013 年)

1994 年实施的分税制改革在中国的发展史上是一个关键的节点。这一改革调整了中央与地方之间的财政分配机制,通过实行"一上一下"的资金分配策略,显著增强了中央政府在区域发展和均衡性方面通过转移支付进行二次分配的能力。这一措施的实施不仅重塑了中央与地方的财政联系,还对地方政府的运营方式和职责产生了深远的影响。分税制改革后,地方政府与企业的直接经济联系被削弱,其职能转变为更加积极地参与土地管理和城市发展,导致地方政府在城市规划和土地管理中扮演着更加核心的角色。地方政府的财政收入、城市土地的使用和金融市场之间的密切联系,形成了一种新的滚动开发模式,

---

① 林坚,赵晔.国家治理、国土空间规划与"央地"协同——兼论国土空间规划体系演变中的央地关系发展及趋向[J].城市规划,2019,43(9):20-23.
② 徐家明.央地关系改革视角下空间规划演进与发展研究[J].城市规划,2023,47(4):101-114.

这一模式在较长的时间内成为中国城镇化发展的主导力量。在这种以土地为核心的发展模式下,地方政府的自主性和经济动力得到了显著增强。通过出售土地使用权、规划新的城市区域以及推进基础设施建设,地方政府旨在促进经济增长并增加财政收入。尽管这种模式在推动经济发展方面取得了一定成效,但同时也带来了土地资源过度开发、房地产市场泡沫等一系列问题。

在资源日益紧缺和经济发展与国家生态安全、粮食安全的冲突日渐加剧的背景下,中国国土空间治理的央地关系步入了一个调整和转型的新阶段。在这个新的阶段,中央政府采取了一种自上而下的治理模式,即"条线型"精细化管理,依托于技术的理性和专业的优势,目标是打造一个更为精准、标准化的国土空间管理体系。为此,多个部门逐步发展和完善了专门针对不同要素的规划及其管制体制,同时利用先进的信息化技术进行监测和评估,从而加强了中央政府对地方政府的规范化管理。与此同时,中央政府通过下放特定资金,深入参与地方级别的国土空间治理工作。所谓的"项目制"策略成为中央向地方分配资源和要素的主要途径。在这种模式下,地方政府在其职能和评估标准转变的背景下,开始主动适应并对接中央政府的"条线型"治理模式。

这一自上而下的治理模式,虽然在技术层面上有其优势,却也展现出一些不足,尤其是在考虑地方经济发展需求和中央多元要素统筹之间的协调方面存在短板。在实际的执行过程中,这种模式导致多种问题的产生。一方面,地方政府在实施城乡规划时,往往更加倾向于促进地方经济增长和空间开发。例如,《中华人民共和国城乡规划法》扩大了城市规划的范围,这在一定程度上反映出地方政府对建设空间拓展的需求和意愿。地方政府通过城市规划来激发地区的发展活力,促进城市经济和社会的进步。另一方面,中央政府更加注重对土地资源的合理利用和对生态环境的保护。例如,《全国土地利用总体规划纲要(2006—2020年)》强化土地利用总体规划对城市总体规划的约束,特别是在耕地保护和建设用地管控方面[①]。同时,《全国生态环境保护"十五"计划》的制定和实施,显示出中央政府在生态功能区划和生态保护规划方面的决心和行动,体现了对国家生态安全和可持续发展的重视。此外,各个部门根据自己的需求和逻辑制定了各类专项规划和用途管制制度,导致实际执行中出现缺乏统一标准和成熟度的问题,进而产生"九龙治水"式的管理混乱,严重影响了规划管制制度的有效性。

1.1.3.4 央地关系重构(2014年至今)

自2014年起,我国启动了一系列改革应对先前空间治理和空间规划中出

---

① 许景权.国家规划体系与国土空间规划体系的关系研究[J].规划师,2020,36(23):50-56.

现的问题,以适应生态文明体制改革和国家治理体系与治理能力现代化的新要求。这些改革集中在横向机构的重组和纵向事权的清晰划分上,目的是构建一个符合新时代要求的国土空间规划体系。到目前为止,机构改革已然接近完成,而央地事权划分改革依然处于稳步推进过程中。

在这个变革过程中,《中共中央关于全面深化改革若干重大问题的决定》起到至关重要的作用。这一决策文件强调央地之间在事权划分上与财政支出责任的匹配,并倡导建立现代化的财政体系。在空间规划领域,这意味着根据改革创新的需要,对空间规划进行重构和统一发展的尝试。《关于开展市县"多规合一"试点工作的通知》的发布,不仅推动了"多规合一"理念的实施,也在客观上促进了自然资源部的成立,以往分散在不同部门的空间规划职责在自然资源部得以整合。

这些改革的目标在于解决空间规划领域长期存在的问题,如部门间职责重叠、规划制定与执行不一致等。通过集中职责和明确事权,改革旨在提高空间规划的效率和成效,确保规划更好地符合国家的整体发展策略和目标。这一新体系的建立旨在改善中央与地方在空间规划方面的关系,确保地方在执行中央制定的空间规划时能更灵活地适应地方的具体情况,同时有效地实现国家级的发展目标。综合来看,近年来中国空间规划体系的重构是对先前存在问题的积极回应,也体现出对现代化、高效率和协调性发展的追求。这标志着国土空间治理正朝着更合理、高效与和谐的方向发展。

1.2 空间规划体系重构的实践脉络

空间规划具有引领城市与乡村发展的力量。空间规划过程不仅是对物理空间的组织和优化,更是对经济、社会、文化以及生态多维度要素的协调和平衡。随着社会的进步和技术的发展,空间规划体系已不再局限于传统的土地利用和城市布局规划,而是逐渐演变为一种综合性、动态性和战略性的城乡发展工具。

1.2.1 规模导向规划(1980—1999 年)

1980—1999 年,中国进入了一个特殊的时期,空间规划体系经历了显著的转变,特别是在规模导向的远景规划方面。这一时期标志着中国城市规划领域的理念和方法的根本性变革,国内对于城市空间发展战略的研究呈现出新的活力,开启了城市规划的新纪元。

在这一背景下,有学者深入分析了国内外多种城市空间发展战略,包括"控制—疏散""平衡—疏导""多核心—疏解"和"集约发展"等模式①。学界和决策者开始关注到,城市空间发展战略应该兼顾经济、社会和环境效益的统一,并且须与城市的具体特性和条件相适应。这种新的思考方式为城市规划的实践提供了新的方向。学者们的研究不仅为城市规划的理论基础提供了更新的视角,也为规划实践的具体应用提供了理论支撑。这种对城市空间发展战略的全面考量,使得规划不再仅仅关注短期的经济增长,而是更加注重长期的、可持续的、综合性的城市发展。

此后,随着时间的推移,中国的城市规划不再局限于原先设定的近期(5 年)和远期(15～20 年)的规划目标。这一变化迫使规划师们重新审视并调整他们的规划思维,逐步转向采用更具前瞻性和适应性的远景规划方法。在中国的许多城市,如厦门、杭州等,这种新型的远景规划开始得到应用,并在实际中证明了其有效性。这一时期的规划实践不是对现有城市结构的简单延续,而是对西方城市空间结构理论和中国城市建设迅速发展需求的深入融合。规划师们开始更加关注区域分析和宏观战略研究,并将这些分析和研究融入城市的框架规划和底线控制。这种方法强调了在规划过程中灵活适应城市特定需求和针对性解决方案的重要性。

这一时期的规划实践不仅推动了城市规划理论的发展,也为中国城市的快速发展提供了科学的规划指导和实际应用的成功案例。这些案例展示了如何有效应对城市空间发展的挑战和需求,同时也体现了城市规划在促进经济发展、提高生活质量和保护环境方面的作用。通过这些努力,中国的城市规划在理论和实践上都取得了显著的成效,为后续更为全面和系统的空间规划奠定了坚实的基础。这一发展阶段的经验对于中国未来城市规划的发展方向具有重要的启示意义,标志着中国城市规划向更加综合、灵活和可持续的方向发展。

1.2.2　结构导向规划(2000—2013 年)

进入 21 世纪以后,中国空间规划体系进入了一个以结构导向为特征的战略规划时代。这段时期对中国的城市规划和建设产生了深远影响。中国对外全面开放,积极加入世界贸易组织,对内推动诸如分税制、土地有偿使用制度和住房市场化等改革的实施,共同推动了城市规划和建设的新一轮发展浪潮。这

---

① 谢杰锋,王磊.战略空间规划:国土空间规划语境下城市空间发展战略的新承载[J].规划师,2023,39(9):40-46.

一时期不仅加速了中国的全球化、工业化和城镇化进程,还引发了城市间激烈的竞争。在这个背景下,城市总体规划的编制面临前所未有的挑战。总体规划难以全面表达地方政府的具体发展愿景,从而导致地方政府对这些规划的实用性产生怀疑。此外,规划内容的表述方式与公共政策的操作要求和程序不一致,加剧了这种困境。

2000 年,广州市率先发布了《广州城市建设总体战略概念规划纲要》,开启了中国城市规划的一个新纪元。这一举措不仅是广州的重要里程碑,也成了中国城市规划发展历程中的关键转折点。继广州之后,其他大中型城市纷纷效仿,开始了自己的战略规划编制工作,从而开启了中国城市规划第一轮战略规划的编制和探索阶段。

到了 2010 年,伴随着国内外环境的持续变化,以及对城市总体规划的再次审视和修订,中国城市规划进入了第二轮战略规划的编制探索阶段。这一阶段的规划工作同样由地方政府牵头,其主要目标是提升城市在日益激烈的国内外竞争中的地位和实力。这些规划的重点集中在土地资源的高效利用和空间规划的优化上。

在这个关键的发展阶段,中国的城市规划进入了一个以结构性和行动性为主导的战略规划时期。这个时期的规划实践不仅涵盖了城市的空间拓展和格局设计,还深入城市主要功能区的规划布局、关键基础设施的分配、道路交通体系的优化以及综合市政工程系统的规划。这些组成要素集体构成了城市规划的结构性框架,目标是确保城市空间的合理利用和有序发展,同时提升城市综合功能和居民的生活品质。此外,这一时期的战略规划还特别强调以问题为导向的方法,在规划城市重大活动时体现得尤为明显。这种规划与重大事件的紧密结合,不仅体现了城市规划的实际应用和灵活性,还彰显其在推动城市全面发展方面的积极作用。通过与这类大型活动的协同,城市规划在推广城市形象、加强城市核心功能和提升城市的全球竞争力方面发挥了关键作用。

综合而言,这一阶段的空间规划是中国城市规划实践的一次重要转变,不仅关注城市结构的科学规划,也致力于解决城市发展过程中遇到的实际问题。这种双重聚焦的规划策略不仅为城市提供了更具前瞻性和适应性的发展方向,也为应对各种城市挑战提供了有效的解决方案,从而在城市规划领域中留下了深刻的印记。

1.2.3 治理导向规划(2014 年至今)

从 2014 年开始,中国步入"新常态"发展阶段,标志着中国城市的发展模式和治理方式的进一步转变。在这一背景下,2015 年召开的中央城市工作会议成为一个关键节点。它不仅宣告中国城市发展进入一个全新的时期,而且明确提出关于转变城市发展模式、完善城市治理体系和提升城市治理能力的要求。这些新的指示和要求为城市战略规划的更新和转型提供了方向。此时,城市空间规划不再局限于传统的空间布局和建设,开始融入更广泛的城市治理和社会发展方面的考量。这种转型反映出对城市规划在综合发展中角色的重新评估,强调城市规划在引导城市可持续发展和提升居民生活质量方面的重要性。这一时期的战略规划不仅关注城市空间的有效利用和美化,还涵盖了如何应对快速城市化带来的挑战、如何更好地满足市民的需求,以及如何提升城市的整体竞争力等多方面的内容。这种多元化和综合性的规划方法体现了对城市规划实践的深刻理解和创新思考,为中国城市的未来发展奠定了坚实的基础。

这一阶段的转型主要体现在战略规划从传统的空间规划形式(即仅仅作为一种谋划城市远景的工具)转变为一个更加动态的、能够凝聚城市发展愿景的共识平台。这种转变标志着战略规划不仅是城市空间布局的设计方案,而且成为一种有效的城市治理工具。这种转型的实质是将战略规划与地方政府的治理目标紧密结合,使其成为推动城市发展、解决城市问题、促进社会和谐的关键媒介。在这个过程中,战略规划开始更多地关注城市的社会经济发展、环境保护、文化传承以及居民福祉等多方面内容,而不仅仅是空间布局和物理结构。这种转型的探索包括了对规划方法的创新,如引入多元利益相关者的参与、重视公共参与和反馈,以及运用新技术和数据分析等手段。同时,战略规划的内容也更加注重实用性和灵活性,以适应城市快速发展和变化的需求。在形式上,战略规划从传统的纸面规划转变为更加动态的平台,使各方利益相关者能够共同参与城市的规划和发展过程。

1.3 "嘉兴实践"的共性与个性

嘉兴市位于浙江省东北部、杭嘉湖平原,毗邻杭州湾北岸,地处江苏、浙江和上海三省市的交界处,邻接上海、杭州、苏州、宁波等经济枢纽。相似的地形地势和区域条件为城乡一体化的先行发展提供了天然的地理优势。经济上,嘉兴市位于"长三角生态绿色一体化发展示范区"内,成为中国乡村发展的重要借鉴点。这赋予了嘉兴市在全国空间规划和区域发展中的特殊意义。文化上,作为中国共产党的发源地,嘉兴市在中国的历史中占据特殊地位,提供了丰富的文化资源。自 2004 年被确定为"浙江省城乡一体化先行区"以来,嘉兴市开始了长期的空间规划探索,形成了空间规划的"嘉兴样板",为浙江省早期空间规划探索提供了参考。

在 2004 年举行的浙江省政府常务会议期间,嘉兴市的城市总体规划受到审议。会议作出加速《嘉兴市域总体规划》编制进程的重要决策。这一决策推进了嘉兴市的规划工作,显示出市域规划开始进入一个新的、更为紧迫的阶段。在紧锣密鼓的工作氛围下,南京大学的团队于 2006 年 5 月初步完成了规划编制,并成功通过了专家组的审查。此后,为了对其进一步深化,2008 年底,嘉兴市人民政府再次与南京大学合作,启动了《嘉兴市域总体规划》的第二轮修编工作。这一过程中,规划编制团队与各相关部门进行了密切的协商,广泛征求了公众和专家的意见。经过 27 次的前后论证和咨询会议,决策团队和社会公众形成了意见的统一,也对规划内容达成了共识①。

《嘉兴市域总体规划》的特点在于全面性和战略性,突破了传统的城镇体系规划、城市总体规划以及土地利用总体规划的框架。它被定位为一个上位规划,为嘉兴市的城市总体规划提供了指导和方向。该规划不仅涉及城市建设和发展,还覆盖了城乡规划、土地利用、基础设施建设、环境保护等多个领域,提出了创新性和前瞻性的解决方案。

《嘉兴市域总体规划》标志着中国城市规划实践中的一次重大创新,通过其独特的方法和思路,颠覆了以往集中于城市中心的传统规划模式。该规划的视角宽阔,涵盖了核心城区至周边的城镇乃至乡村地区,体现了一种全新的城乡融合发展理念。这一变革不仅在技术上实现了从传统的规划底图向更为战略性和前瞻性的蓝图转换,而且在规划理念上实现了一次质的飞跃,促进了城乡之间的无缝连接和整合。利用 GIS 技术和卫星遥感数据,《嘉兴市域总体规划》在基础数据收集和分析上实现了精确化和科学化。这种精细化的数据处理为规划的深入实施提供了坚实的基础,确保了规划决策的准确性和可行性。在处理用地分类时,该规划巧妙地融合了城镇规划和土地利用规划的分类标准,确保了城乡规划的统一性和连贯性。这一做法有效避免了以往规划标准不一导致的冲突和重叠问题,为规划的顺利实施奠定了基础。此外,《嘉兴市域总体规划》在决定建设用地规模方面严格遵循土地利用规划中对耕地保护的要求和建设用地指标,展现了对土地资源合理利用和生态保护的高度重视。通过优化土地资源配置,该规划不仅促进了城市的有序发展,也保护了珍贵的耕地资源,体现了可持续发展的理念。在空间布局优化方面,规划团队与土地利用规划部门之间进行了充分的协商,不仅满足了城市主副中心的发展需求,同时兼顾边缘

---

① 朱喜钢,崔功豪,黄琴诗.从城乡统筹到多规合———国土空间规划的浙江缘起与实践[J].城市规划,2019,43(12):27-36.

地区和新兴社区的发展平衡。通过精细的分析和策略部署,确保了城市发展的连贯性和协调性,避免了资源配置不均和发展不平衡的问题。这种协商和优化过程有效平衡了各方面的发展需求,为嘉兴市的均衡发展提供了坚实的规划支撑。

嘉兴市于2008年与2014年被列为统筹城乡综合配套改革试点市和"多规合一"试点城市,进一步完善了空间规划体系,拥有坚实的空间规划基础。《嘉兴市域总体规划》的成功实施不仅为当地的城市建设和发展提供了战略性指导,还展现了一种更为全面、协调和可持续的发展路径。这一规划成为其他城市规划和发展的重要参考,展示了嘉兴市在城市规划领域的创新能力和领导力,同时也为中国城市规划和管理领域贡献出宝贵的经验。

2 城乡统筹背景下的"市域总体规划"(2000—2010 年)

随着 21 世纪初中国的快速城市化,城乡间的发展差距逐渐成为制约社会和谐进步的重要因素。2002 年,十六大首次明确提出"统筹城乡经济社会发展",充分表达了对城乡二元结构问题的高度重视。此举不仅是解决"三农"问题的关键,更是推动社会全面发展的"金钥匙"。

浙江省自改革开放以来迅速发展,随之而来的是城乡二元化结构问题的加剧。特别是在城乡发展壁垒日益明显的情况下,习近平同志特别强调了城乡统筹与区域统筹工作的重要性,致力于破除长期以来形成的城乡隔阂。在这样的政策导向下,嘉兴市被提升为浙江省统筹城乡改革的典范,这不仅是对嘉兴市在城乡统筹方面工作的认可,也是对其未来发展方向的明确指示。到了 2008年,嘉兴市被列为浙江省综合配套改革试点区。这一决策旨在通过"全域覆盖、城乡统筹、要素统筹、设施统筹"的方式,构建一种新型的城乡发展模式。在此背景下,嘉兴市确立了以"市域总体规划"为核心的空间规划体系。这一体系不仅聚焦于城乡物理空间的统筹,更涵盖了经济、社会、文化等多方面的综合协调。通过这样的规划实践,嘉兴市逐渐形成了"从城乡分离到城乡一体"的规划样板,为解决城乡二元化结构矛盾提供了可行的路径。在此背景下,本章将深入探讨 2000—2010 年嘉兴市规划体系在城乡统筹发展方面的先行实践及其成效。

2.1 关键问题:城乡二元化结构矛盾突出

自 2000 年以来,随着中国经济的迅猛发展和城市化的快速推进,嘉兴市作为浙江省的重要城市之一,面临着严峻的城乡二元化结构矛盾。这种矛盾不仅体现在城市与乡村之间经济发展水平的差异,还表现在空间规划、资源配置、公共服务等多个方面。嘉兴市这一时期的规划实践揭示了中国快速城市化进程中一个共同的挑战:如何在追求经济增长的同时,实现城乡社会经济的平衡与协调发展?

2.1.1 "重城轻乡"的规划模式

面对这一挑战,嘉兴市以往的规划实践显示出一定的局限性。传统的城市规划模式过于强调城市中心区的发展,而忽视了乡村地区的合理规划与发展需求。这种"重城轻乡"的特征在嘉兴市 1982 版、1994 版、2003 版的三轮城市总体规划中均有所体现。这些规划文件明显倾向于城市中心区的商业发展、住宅建设和基础设施建设,体现了城市规划中的现代化和城市扩张目标。城市中心区的规划通常涵盖了交通网络的优化、商业中心的建设、新型住宅区的规划以及公共设施的完善,旨在打造一个现代化、高效的城市生活环境。

然而,这种规划方式使得乡村地区的发展较为被动和无序。首先,城市规划资源不均衡分配,城市中心区与乡村地区之间发展的差距不断扩大。城市中心区因规划的优先发展而迅速扩张,拥有更先进的基础设施和更丰富的公共服务,而乡村地区则因缺乏有效的规划引导,面临发展滞后、基础设施落后和公共服务不足的问题。这种发展不均衡不仅限制了乡村地区的经济发展潜力,也加剧了城市内部的社会经济分裂。

首先,具体来说,城市中心区的发展重点是高密度住宅区的建设、商业设施的扩展和交通基础设施的优化。这些举措旨在吸引更多的居民和商业活动,以推动城市的经济增长。与此同时,乡村地区的规划却显得相对模糊和边缘化。在这些规划文件中,乡村地区常常仅被视为城市扩张的后备空间,而非具有独特价值和发展潜力的地区。这种规划思路忽视了乡村地区的特色和需求,导致乡村地区的逐渐萎缩和传统乡村文化的消亡。

其次,"重城轻乡"的规划模式导致了乡村空间的无序扩张和资源的浪费。在嘉兴市内 17591 个自然村落中,小规模村落(30 户以下)占比高达 50%,而 30~50 户的自然村占 30%。这种分散而小规模的村落布局,在缺乏有效规划和管理的情况下,易导致乡村空间的无序扩张。由于缺乏整体规划视角,这些村落在发展过程中往往重视即时的经济利益,而忽视了长远的土地使用效率和环境保护。这不仅导致了土地资源的浪费,还造成了生态环境的持续退化。在这种规划模式下,"村村冒烟、户户作坊"的粗放经济布局成为常态。许多村庄为了促进经济发展,随意进行土地开发和利用,导致了建设用地的无序蔓延。这些经济活动往往以牺牲环境质量为代价,造成了空气污染、水体污染和土地退化等问题。此外,由于缺乏有效的环境保护措施,这些村落的生态环境和自然景观受到严重破坏,影响了居民的生活质量和健康。这种无序扩张的另一个后果是乡村地区基础设施和公共服务的不足。由于资源和注意力主要集中在城市中心区,乡村地区的基础设施建设和公共服务供给严重落后。这不仅限制了乡村地区的经济发展和居民生活水平的提升,也加剧了城乡之间的发展差异。乡村地区的居民面临着交通不便、医疗卫生服务不足、教育资源匮乏等问题。这些问题的存在进一步加剧了人口外流,导致乡村地区的空心化。

再次,"重城轻乡"的规划模式加剧了城乡之间的社会经济差距。在嘉兴市,城市中心区的快速发展吸引了大量的人口和资源。这一区域因为集中了优质的教育、医疗和商业服务,成为各类人才和资本的聚集地。相反,乡村地区由于发展滞后,面临着严重的人口外流问题。居民纷纷迁往城市寻求更好的就业机会和生活条件,导致乡村地区人口结构老化,劳动力短缺。这种城乡发展的不平衡不仅限制了乡村地区的经济发展潜力,也影响了城市整体的均衡发展。乡村地区的经济活动由于缺乏足够的人力和资本投入,往往停留在低效率、低附加值的传统农业或小规模手工业上。这限制了乡村地区收入水平的提高,扩大了城乡之间的收入差距。同时,由于人口外流,乡村地区的活力减弱,传统的乡村文化和社会结构受到了冲击。城市中心区的快速发展和乡村地区的相对落后形成了鲜明的对比,与此同时也产生了各自的问题。城市中心区由于人口密集和资源集中,开始面临交通拥堵、环境污染、住房紧张等问题。而乡村地区则因为缺乏有效的发展规划和资金投入,其基础设施和公共服务设施建设远远滞后,影响了乡村居民的生活质量和福祉。

更重要的是,"重城轻乡"的规划模式忽视了乡村地区的文化价值和生态功能。随着城市化的快速推进,许多乡村的传统文化、历史遗迹和自然景观未能得到有效保护,甚至在不断的土地开发和建设中遭到破坏。这种对乡村文化和自然环境的忽视,导致了文化和生态的双重丧失,对乡村地区的身份认同和生活方式产生了深远影响。乡村地区的传统文化和历史遗迹是地方身份和历史记忆的重要载体。然而,在"重城轻乡"的规划模式下,这些文化遗产往往缺乏必要的保护和传承。随着年轻人口的外流和传统生活方式的消失,许多具有历史意义的建筑、习俗和工艺逐渐被遗忘,乡村地区的文化特色和历史价值逐渐消退。这不仅是乡村地区自身文化财富的损失,也是整个社会文化多样性的损失。同时,乡村地区的自然环境和生态系统在城市化过程中也面临着严重威胁。由于缺乏有效的环境保护措施和生态规划,许多乡村地区的自然景观和生态系统遭到破坏,生物多样性受到威胁。例如,过度的土地开发导致土壤侵蚀、水资源污染和生物栖息地丧失。这不仅影响了乡村地区的生态环境质量,也对城市中心区的生态健康构成了间接威胁。

由此可见,嘉兴市的这种"重城轻乡"的规划模式虽然在短期内可能促进城市中心区的快速发展,但从长远来看,它忽视了乡村地区的均衡发展和城市整体的可持续性。这种不均衡不仅体现在经济发展和基础设施建设方面,还体现在文化、生态和社会结构等方面。因此,重新审视和调整这种规划模式,以实现城乡地区更加均衡和协调发展,将成为嘉兴市乃至更广泛区域面临的重要任务。

2.1.2 乡村空间扩张与人口减少的矛盾

嘉兴市另一个显著的矛盾是乡村空间扩张与人口减少的矛盾。这一矛盾不仅揭示了城市化进程中的一些深层次结构性问题,而且对于如何实现更加有效的城乡统筹提出了严峻的挑战。

随着城市化的加速推进,嘉兴市的乡村地区经历了重大的空间变化。一方面,为了追求经济发展和现代化的目标,乡村地区经历了大规模的土地开发,包括新的住宅区、工业园区和商业设施的建设。这种开发活动在短期内促进了地方经济的增长,提高了区域的物质建设水平。另一方面,这种发展模式导致人口的大量外流和社区活力的下降。由于城市可以提供更多的机会和更好的生活条件,许多乡村居民选择离开家乡迁往城市。这种趋势不仅减少了乡村地区的劳动力,也削弱了乡村地区的凝聚力和文化活力。人口外流的结果是,虽然乡村地区的空间不断扩张,却面临着人口减少、土地闲置和社区衰落的问题。乡村地区的这种变化不仅对当地的经济和社会结构产生了重大影响,也对整个城市区域的均衡发展提出了挑战。

嘉兴市这一时期的数据清晰地揭示了城乡建设用地结构的显著失衡。乡村人口虽然仅占总人口的 40.8%,却占用了高达 59.49% 的城乡建设用地。这一用地分配情况暴露了城市规划的一大问题:乡村空间的扩张是在乡村人口持续减少的背景下发生的。2000—2005 年,嘉兴市村庄建设用地规模增加了101.02 平方千米,而同期乡村人口却减少了 23 万。这一现象不仅表明了乡村地区土地使用的低效率,也反映了更深层次的社会经济结构变化。同时,人均村庄建设用地从 2000 年的 222 平方米增长至 2005 年的 301 平方米,这一数据进一步凸显了乡村空间扩张与人口减少的矛盾。这种矛盾的存在不仅导致了乡村建设用地的空置和闲置,也减弱了乡村地区对人口和资源的有效吸引力。由于乡村地区的土地被不合理地分配和使用,乡村社区的经济活力和社会结构受到了影响,乡村地区出现整体衰落的情况。

这种矛盾是多重因素的交织。

首先,乡村地区的空间扩张很大程度上是由对乡村土地的无序开发和利用所致。许多乡村地区为了促进当地经济发展,进行了过度的土地开发,这包括建设新的宅基地、开发集体建设用地等。这种开发通常缺乏长远的规划和对地区实际需求的准确评估,不仅导致了大量非农业用地的产生,而且往往没有带来相应的经济活力或人口增长。与此同时,这些区域通常面临资源分配不合理、基础设施不完善和社区服务缺乏等问题,进而影响了乡村地区的整体发展和居民生活质量。

其次,随着城市化的推进,越来越多的乡村居民选择迁往城市,寻求更好的教育、就业和医疗资源。这种人口流动导致了乡村地区劳动力的流失。人口的外流不仅削弱了乡村地区的经济活力,还加剧了乡村地区的老龄化问题。年轻一代的离开导致了乡村社区的文化和传统逐渐失去传承者,同时也削弱了乡村地区创新和发展的潜力。

再次,乡村地区的公共服务和基础设施建设不足也是导致这一矛盾的重要因素。在很多乡村地区,由于缺乏有效的投资和规划,道路、医疗、教育和文化娱乐等基础设施建设严重落后,这限制了乡村地区的吸引力,加剧了人口外流的趋势,降低了乡村地区的综合竞争力。

嘉兴市乡村空间的无序扩张与人口减少之间的矛盾不仅导致了土地资源的浪费和环境质量的下降,还加剧了乡村地区的衰落和传统农业的弱化。在这一时期,乡村地区的大规模土地开发常常未能考虑到实际的市场需求和发展的长远目标。新建的宅基地和集体工业厂房由于规划不当和市场需求评估不足,未能吸引预期的人口和企业,很多项目最终变成无人问津的空置土地,导致大量的资源投入成为无效投资。这些荒废的区域不仅成为城市规划中的"失败案例",而且造成了巨大的经济损失,包括资本的浪费和对环境的长期影响。此外,这种矛盾还反映出当前城乡发展策略的不足,尤其是在考虑人口和社会文化因素方面还存在局限性。在追求经济增长和城市化的过程中,乡村地区的文化特色、社会关系和传统生活方式常常被忽视。这种发展模式对乡村地区的文化传承和凝聚力产生不利影响,进而影响了乡村地区的整体活力和发展潜力。

2.1.3 乡村公共服务设施供给不足

嘉兴市乡村公共服务设施的供给同样面临挑战。随着人民生活水平的提高和生活需求的日益增长,乡村地区的公共服务设施明显不能满足居民的需求。这一问题严重影响了乡村地区的居民福祉和社区发展。

2000—2005年,嘉兴市乡村地区公共服务用地方面的增长显得尤为缓慢。公共服务用地的增加对于满足居民日益增长的生活需求至关重要,尤其是在快速城市化的背景下。然而,在这五年间,乡村公共服务用地仅从45.08平方千米增至 46.03 平方千米,基础设施用地也仅从 66.76 平方千米增加至 78.8 平方千米。这种增长速度与居民需求的增长速度相比远远不足,导致了乡村地区在教育、医疗、文化和娱乐等方面公共服务设施供给严重不足。这种不足不仅影响了乡村居民的日常生活,也不利于乡村地区的社会发展和人口稳定。

医疗服务的覆盖不足是乡村公共服务设施供给不足的一个显著表现。截至 2005 年,超过 50% 的村庄仍处于 3 千米医院服务距离之外,这在紧急医疗需求和常规健康检查方面为乡村居民带来了极大的不便和风险。特别是对于老年人、儿童以及需要定期接受医疗服务的慢性病患者来说,远距离的医疗服务增加了他们的生活负担和健康风险。在一些情况下,由于交通不便或路程过远,居民可能无法及时获得必要的医疗服务,这可能导致延误治疗,甚至危及生命。此外,基础医疗服务的供给不足不仅增加了慢性病和常见病症的治疗成本,也减弱了居民对健康问题的预防意识,影响了居民的整体健康水平。

嘉兴市文化教育设施方面的问题也同样紧迫。截至 2005 年,30% 的村庄缺少老年活动室,这对于乡村地区的老年人群体来说是一个重要问题。老年活动室不仅是老年人进行社交和休闲活动的重要场所,也是他们进行身体锻炼、文化娱乐和接受教育的平台。此类设施的缺乏可能限制老年人的社会参与,导致他们感到孤独和被社会边缘化,进而影响他们的生活质量和心理健康。幼儿园的缺失也是一个不容忽视的问题。在嘉兴市,50% 的村庄没有幼儿园,这给家庭带来了重大不便。幼儿园不仅是提供早期教育的场所,也是支持年轻父母工作和社会参与的关键基础设施。缺乏幼儿园意味着家长可能需要放弃工作或寻求其他不便利的照顾方式,这对家庭经济和孩子的早期发展均会产生不利影响。不仅如此,体育设施也是乡村公共服务设施缺失的一部分。在嘉兴市,70% 的村庄缺乏体育设施,这不利于居民进行体育锻炼和休闲活动,对于提升居民的身体健康、促进社区互动和增强社区凝聚力均产生消极影响。

这些公共服务设施供给不足反映了城市化进程中乡村地区的边缘化问题。乡村地区缺乏足够的投资和规划,使得基础设施和公共服务设施远远落后于城市地区,这进一步扩大了城乡之间的发展差距。乡村地区难以吸引和留住人才,这限制了当地经济的发展潜力。随着人才和资源的流失,乡村地区的经济活动趋于单一化,难以形成有效的经济增长点。这种差距不仅体现在物质条件上,还体现在乡村居民的生活质量和幸福感上。这种潜在的社会不平等问题不仅影响了乡村居民的生活质量,也影响了整个乡村地区的和谐与稳定。

因此,补足乡村公共服务设施的供给是促进城乡均衡发展的关键。这需要政府和社会各界的共同努力,包括增加公共服务设施的投资、优化乡村地区的服务设施布局、提高服务质量和效率,以及促进乡村地区的社会和文化发展。

这些措施可以有效提升乡村居民的生活质量,促进乡村地区的全面发展,实现城乡的和谐共生。

2.2 核心实践:"城乡一体"与"全域统筹"

2.2.1 嘉兴市总体规划的战略指导

嘉兴市地处江南水网地区,下辖两区、二县、三市,陆域面积 3915 平方千米,2010 年末,户籍人口 341.6 万,外来常住人口约 190 万人,是长江三角洲典型的均质平原地区,各县(市、区)的自然地形、区位背景、交通条件和经济基础都十分相似。这些相似的背景条件使得市域城乡发展水平均衡,所辖五县(市)全部入选全国百强县(市),且排名都在 30~50 位。同样,嘉兴市城乡发展也较为均衡,城乡收入差距为 1.98∶1。其区域和城乡发展特征为嘉兴市先行实现城乡一体化,实现城乡、区域协调发展提供了有利的条件。但同时,其发展现状与中心城市的核心作用不凸显,县(市、区)重复建设、低水平竞争、过度竞争的现象日益突出。因此,嘉兴市亟待将市域作为一个整体进行规划,对开发活动的空间布局和时序进行统一引导、协调。同时,嘉兴市作为浙江与上海、江苏联系的门户,连通上海、宁波、苏州、杭州的高速公路网交会于此,境内区域性的交通线非常密集。众多区域性交通干线在市域内的密集分布,可以缩短嘉兴市与周边城市的距离,加强嘉兴市与周边的交流,产生良性的"漏斗效应",为嘉兴市带来充裕的资本、信息、物资等经济发展要素。

为适应嘉兴市在新世纪的发展战略,合理确定城市规模和发展方向,实现城市经济和社会发展目标,促进区域一体化,早在 2003 年,嘉兴市依据《中华人民共和国城市规划法》《城市规划编制办法》《城市用地分类与规划建设用地标准》《国务院关于加强城乡规划监督管理的通知》《关于贯彻落实〈国务院关于加强城乡规划监督管理的通知〉的通知》《浙江省实施〈中华人民共和国城市规划法〉办法(1997 修改)》《浙江省城市化发展纲要》《浙江省城镇体系规划(1996—2010 年)》《嘉兴市国民经济和社会发展第十个五年计划纲要》,以及嘉兴市的实际情况而制定了《嘉兴市城市总体规划(2003—2020 年)》。该文件是嘉兴市城市建设和发展的法定指导性文件。凡在城市规划区范围内进行的各项土地和空间利用规划及一切建设活动,均应遵照《中华人民共和国城市规划法》的规定。规划划分为三个层次。

（1）在嘉兴市域［指嘉兴市所辖五县（市）两区的行政区域，总面积3915平方千米］，编制市域城镇体系规划，强调未来滨海新城的发展。

（2）在嘉兴市区（指秀城、秀洲两区所辖区域，总面积968平方千米），编制空间发展规划，重点研究城乡一体化战略。

（3）在中心城区（主要指北郊河、南郊河、东外环河以内的区域，其中西侧以乍嘉苏高速公路为界），确定本次总体规划的用地范围。

2.2.1.1　城市发展目标

嘉兴市城市总体发展目标是充分发挥其优越的地理位置、便捷的交通条件的优势，围绕水乡特色，突出文化氛围，着眼于建设"实力嘉兴、人文嘉兴、生态嘉兴、法治嘉兴"，全面建成小康社会，提前基本实现现代化。

一是建设"实力嘉兴"。大力实施工业立市战略，走新型工业化道路，进一步增强综合实力和国际竞争力，让嘉兴市成为重要的先进制造业基地、区域性现代物流基地、优质农产品基地和旅游休闲基地。

二是建设"人文嘉兴"。牢牢把握先进文化的前进方向，保护、继承和弘扬优秀的地域文化，培育和弘扬具有时代特征的城市人文精神。

三是建设"生态嘉兴"。根据《浙江生态省建设规划纲要》提出"创建生态省，打造绿色浙江"的战略部署，把嘉兴市建成拥有比较发达的生态经济、优美的生态环境、繁荣的生态文化，人与自然和谐相处，适宜创业和居住的生态园林城市。

四是建设"法治嘉兴"。积极推进依法治市、依法行政，坚持法律面前人人平等，健全社会主义民主政治，保障社会的长治久安。

2.2.1.2　城市发展指导思想

城市发展战略的规划指导思想主要包含以下四个方面。

第一，整合区域发展。将嘉兴市放到长三角区域、上海都市圈、杭州湾经济圈、环太湖经济圈等更大的区域层面进行定位；突破行政区划的限制，实现资源、市场、空间、基础设施的共建共享；构筑一个功能强大的"大嘉兴"，提高城市的竞争力。

第二，构筑城乡一体化。将乡村地区看作城市不可或缺的，承载着生态维护、都市农业、大型基础设施布局等特殊功能的功能区。

第三，集约配置资源与使用能源。

（1）节地：实现"城市紧凑发展、区域开敞布局"的总体目标，进行各种空间管制区域的划分，保护基本农田，合理安排建设用地规模，提高土地利用综合效益。

（2）节水：以提高用水效率为核心，改进水资源利用方式；控制水污染，加强蓄水能力和供水能力建设，建立节水型社会，满足经济社会发展对水量、水质日益增长的需求。

（3）节能：全面贯彻和实施《中华人民共和国节约能源法》，深入开展节能降耗工作，开发利用清洁能源，调整优化能源结构，培育和完善能源市场体系。

第四，营建宜居城市。实现城市发展的生态可持续、产业可持续、社会可持续。延续、弘扬城市文化个性是建设宜居城市的重要方面，江南水乡特色是建设宜居城市的核心要素。

2.2.2　嘉兴市总体规划解决的重点和难点问题

2.2.2.1　统筹市域城乡空间资源和土地配置

传统的区域规划是一种开发导向型规划，基本思路是做"加法"。《嘉兴市域总体规划》将规划的基本思路变为先做"减法"，即首先明确非建设用地，在明确非建设用地的规模及分布、满足区域生态环境需要和未来战略储备需要的前提下，统筹安排市域建设用地的布局，建设用地被视为区域总用地减去非建设用地的剩余。这种规划思路将区域的保护与开发有机结合起来，充分体现了可持续发展观和科学发展观对规划的科学指导。

2.2.2.2　统筹城乡空间布局

强县扩权政策下的"强县弱市"和均质化的发展条件导致嘉兴市市域空间格局相对分散。基于此，规划提出构建"1640＋X"的网络型空间结构，形成开放式组团布局和有机结构网络，各组团之间通过绿色空间隔断，又通过市域内部的快速道路相连。在有机集中理念指导下构建嘉兴市市域组合型城市的空间结构，融合原有各组团（县市）的各自优势，在市域范围内统筹配置资源和进行基础设施的建设，增强嘉兴市在长三角区域的整体竞争力。

2.2.2.3　统筹城乡基础设施和社会设施布局

市域总体规划通过统筹考虑城乡重大基础设施和社会服务设施项目的布局和建设，把城市规划覆盖到乡村，将基础设施延伸到乡村，以求充分发挥城市对乡村、工业对农业的反哺作用，形成城乡互动机制，实现城乡互惠互利、功能互补、共同发展。

同时,规划通过明确市域范围内的区域性基础设施以及市域内部的交通、电力、给水、排水等重大基础设施的布局,建立快速、高效、便捷的交通运输网络和各种交通方式互补的交通运行模式。

根据分级配置、分层管理的要求,规划明确了需要总体协调的大型市域基础设施:区域快速公路运输系统与区域轨道交通系统、域外引水和给水工程、联合排污工程、区域能源系统,等等。根据当前行政体制的实际情况,规划还提出基础设施互联互通的原则,明确要求各县(市)大型基础设施在自成体系的情况下,必须做到互联互通,平时满足各自辖区的需要,但在发生紧急情况时,应能够相互支援。

而针对当前行政体制分割所造成的大型社会设施重复建设的问题,规划提出分级配置、合理利用的规划原则,将大型社会设施划分为三类:基本普及型、特色休闲型和高档竞技型。严格控制高档竞技型社会设施在市域范围内的建设,原则上市域内同类型的只设置一所。统筹安排市域社会设施的布局与建设,实现市域基础设施和社会设施的共建共享。

2.2.2.4 统筹重点协调地区规划

规划根据嘉兴市发展实际情况,将东部滨海新区、西部联杭地区、南北湖—尖山地区、濮院—洪合地区划定为重点协调地区,并分别明确各自的协调范围、协调目标、协调内容以及协调规划的实施措施。作为重要协调区域的滨海新区,嘉兴市委、市政府还专门成立了滨海新区开发建设工作领导小组,按照"四统两分"的原则,统筹滨海新区的发展。

2.2.3 嘉兴市总体规划政策与实施机制创新

为全盘谋划好嘉兴市的发展蓝图,围绕市域总体规划提出的构建"1640+X"的网络型空间结构的目标,一方面,在市域总体规划指导下,不断完善城乡规划体系,形成由市域总体规划、县(市)域总体规划、城市总体规划、分区规划、控制性详细规划、新市镇和城乡一体新社区规划及其他专项规划组成的层次分明、有效衔接的城乡规划体系,做好各层次规划的编制和指导工作;另一方面,不断完善城乡规划管理制度,提升城乡规划管理水平,加大对全市重大基础设施、跨区域建设工程、重大公用事业等的统筹协调力度。

2.2.3.1 加大市域城乡规划编制力度

(1)嘉兴市形成以市域总体规划为统领的城乡规划统筹协调体系。

①加快推进县(市)域总体规划编制。按照市域总体规划统筹协调全市域

规划建设的要求,以市域总体规划为指导,推进县(市)域总体规划编制和报批工作,同时做好"两规衔接"工作,重点协调建设用地规模、布局、建设时序等问题。

②做好市域重点区域协调规划编制。市域总体规划确定滨海新区、西部联杭地区、南北湖—尖山地区、濮院—洪合地区四片重点协调区域,重点对基础设施、公共配套、用地布局等方面进行统筹布局。

③加快市域专项规划的编制,统筹协调市域重大基础设施、重大公共服务设施等的布局,如《市区轨道交通前期规划——嘉兴市轨道交通及公共交通骨干体系规划》等。2009 年,嘉兴市对沿沪杭高速公路基础设施廊道进行具体规划编制,同时根据市域总体规划对市域基础设施廊道的规划要求,继续加紧编制市域沿乍嘉苏高速公路、申嘉湖高速公路等的廊道规划。

(2)推进中心城市各项规划编制工作。

①积极推进城市总体规划修编工作。嘉兴市现用城市总体规划于 2002 年开始修编,2005 年 4 月经浙江省政府正式批复。嘉兴市一直按照城市总体规划确定的发展方向和发展框架进行城市建设,但随着社会经济快速发展,市区建成区规模已接近城市总体规划中规划的 2020 年城市建成区规模。此外,随着《中华人民共和国城乡规划法》颁布实施、城乡综合配套改革深入推进、沪杭高铁等重大基础设施项目相继建设,嘉兴市城市总体规划面临新一轮修编。嘉兴市已开展城市总体规划修编的前期工作。

②完成大分区规划的编制和报批工作。为进一步落实城市总体规划提出的统筹城乡发展要求,嘉兴市确立了分区规划全覆盖的目标,针对市本级除中心城区以外的区域,分别编制完成东、西、南、北四大分区规划,并经嘉兴市政府批复,每个分区面积均为 200 平方千米。为更好地利用客运综合交通枢纽,带动周边区域和中心城区的建设和发展,嘉兴市继续抓好国际商务区总体规划和高铁车站区域核心区的详细规划的编制工作。

③加快中心城区控制性详细规划的编制和上报审批工作。为落实控制详细规划的单元化管理,嘉兴市编制了中心城区控制详细规划编制导引,将中心城区分为 99 个控规单元和三片历史街区。在积极推进各区控规编制的同时,根据浙江省住房和城乡建设厅的相关要求,进一步加强中心城区控制性详细规划的编制和审查上报工作。目前,中心城区控制性详细规划编制已覆盖近期建设范围。

④根据整合资源、提升城市功能的要求,编制大量的城市专项规划。近年来编制的城市专项规划主要有《嘉兴市城市绿地系统规划(2021—2035)》《嘉兴市区中小学布局规划(修编)》《嘉兴市环境卫生专项规划(2021—2035)》《嘉兴

历史文化名城保护规划（2021—2035）》《嘉兴市综合交通规划（2019—2035）》等。

（3）做好"两新"工程规划指导，提升嘉兴市"两新"规划设计水平。

在浙江省委、省政府加快农村住房改造建设重大决策的指导下，嘉兴市委、市政府提出以"两分两换"推进"两新"（即现代新市镇和城乡一体新社区）工程建设，全力加快农村住房改造集聚。嘉兴市根据市委、市政府的统一部署，积极深入开展"两新"工程规划建设各项工作。通过开展高密度、多层次的调研，嘉兴市研究起草《嘉兴市城乡一体新社区规划建设管理办法》《嘉兴市城乡一体新社区规划技术标准》等。同时，为加快推进"两新"工程建设，嘉兴市组织开展各县（市、区）村镇规划修编工作。

①全面完成"1＋X"村镇布局规划。2009年底嘉兴市已经全面完成"1＋X"村镇布局规划，目前规划还在不断修改和完善。截至2010年7月底，根据"1＋X"村镇布局规划，嘉兴市原有的855个行政村、17000多个自然村将规划整合为47个现代新市镇和287个城乡一体新社区。

②加快推进现代新市镇的规划建设。把新市镇作为主、副中心城市的有机组成部分和重要功能组团来规划，着力将其建设成统筹城乡发展、农村人口转移集聚的主要载体和网络型大城市建设的关键节点。

③着力提高新社区建设规划水平。新社区是为新市镇配套的居住组团，嘉兴市针对"两新"规划建设中出现的新问题和存在的薄弱环节，提出新社区规划要把握好农村人口的迁移趋势和政策导向，鼓励农民进城镇安置，具体规划方案要符合因地制宜、优化布局、传承文化、远近有别、近精远粗等要求。

2.2.3.2 着力提升市域城乡规划管理水平

（1）市域规划管理制度基本形成。

市域城乡规划管理方面，为进一步加强市域城乡规划统筹，提高决策的科学性和协调效率，2010年嘉兴市专门成立嘉兴市市域规划委员会，以加快市域统筹，推进《嘉兴市域总体规划》实施，加快构建"1640"网络型大城市，并专门制定嘉兴市市域规划委员会工作职责和三年工作计划，重点抓好市域总体规划和市域绿道、交通、基础设施廊道等专项规划以及跨区域各项规划的统筹协调工作，加强对各县（市）城乡规划工作的指导，加快推进"两新"工程规划建设等。市区城乡规划管理方面，为加强对市区规划的统筹协调，成立嘉兴市城市规划委员会。此外，为加强对各区城乡规划管理的监督，在市区建立统一的规划管理信息平台，实现市本级规划管理的信息共享和实时监督。

（2）建立市域规划的分级选址审批制度。

根据《中华人民共和国城乡规划法》等法律法规的规定，结合《嘉兴市域总体规划》关于网络型大城市建设的要求,以支撑设施的统筹建设为目标,推动大型区域性设施的共建共享和基本民生设施的配套完善,尤其是对市域范围内的交通、给水、排水、电力、环保、体育、文化、医疗等区域性设施进行统筹与协调,努力避免基础设施重复建设和缺乏整合对土地资源造成占用和浪费,最终建立高标准、高效率、一体化的支撑设施网络体系。各县(市、区)的重大、跨区域基础设施项目,需上报浙江省住房和城乡建设厅规划选址的,在取得当地建设主管部门同意意见后,还需报嘉兴市城乡规划建设管理委员会审查和嘉兴市城市规划委员会审议,通过后方可办理相关手续。2008年至2010年10月,嘉兴市共上报浙江省住房和城乡建设厅分级选址项目60余项,涉及电力、交通、燃气、航道、码头等各个专业。

(3)加强市域城乡规划管理。

一是积极做好《浙江省城乡规划条例》的宣传、贯彻和实施。通过举办讲座、培训班的方式,组织嘉兴市城乡规划工作人员学习《浙江省城乡规划条例》。此外,积极修订《嘉兴市城市规划管理暂行办法》,制订适用于嘉兴市的技术规定、建筑高度控制、容积率管理等城乡规划管理的规范性文件,争取在制度和技术层面进一步统一和规范市域范围内的规划管理工作。二是加强对嘉兴市域城乡规划的监督。对各区(县、市)规划管理工作提出更高的要求,要求进一步统一和规范"一书两证"规划行政许可的审批流程和附图附件格式。同时把市区内各区的规划行政许可管理纳入规划管理信息系统,对各区项目审批程序的规范性、完整性进行实时监督审查。

2.2.4 嘉兴市推进城乡一体化的主要历程

面对城乡发展差距这一现实问题,随着我国城乡统筹、城乡一体化发展的逐步推行,相关规划也在进行相应调整。在此背景下,规划逻辑由城乡二元化向城乡一体化转变,出现了城乡一体化规划、市域总体规划或全域城乡规划,如浙江温岭地区城乡一体化规划实践的研究[①]、宁波市域总体规划[②],致力于解决乡村规划缺失、城乡关系不协调等问题。相比于传统的城市规划,这些规划的规划范围拓宽到"城乡全域",规划内容关注异质地区发展问题的综合研究,规划方式转化为城乡多元互动分析,规划编制注重多部门合作、多规划重叠,规划

---

① 朱磊.城乡一体化理论及规划实践——以浙江省温岭市为例[J].经济地理,2000(3):44-48.

② 朱查松,罗震东,张京祥.都市区域规划创新:市域总体规划的产生与发展——以宁波市域总体规划为例[C]//中国城市规划学会.和谐城市规划——2007中国城市规划年会论文集.哈尔滨:黑龙江科学技术出版社,2007:174-177.

保障转向强调城乡政策差异互补①。市域城乡规划的产生是适应发展理念转变的结果。

1998年10月,江泽民同志在嘉兴市视察时,发出"沿海发达地区要率先基本实现农业现代化"的号召。嘉兴市制定了《嘉兴市农业和农村现代化建设规划》,提出用3年时间,在各县(市、区)实施"五个一工程",在每个县建设具有示范带头作用的一个中心镇、一个示范村、一个特色工业城、一个现代农业园区、一条现代农业产业带,开展统筹城乡发展的早期探索。

2004年3月,习近平同志深入嘉兴市基层进行为期4天的蹲点调研,明确指出"嘉兴2003年人均生产总值已超过3000美元,所辖5个县(市)在全国百强县中都居前50位,城乡协调发展的基础比较好,完全有条件经过3~5年的努力,成为全省乃至全国统筹城乡发展的典范"。2004年,嘉兴市委以1号文件在全省率先出台《嘉兴市城乡一体化发展纲要》,在城乡空间布局、基础设施建设、产业发展、劳动就业与社会保障、社会事业发展、生态环境建设与保护等方面实施"六个一体化",统筹城乡发展。

2008年,嘉兴市委1号文件印发《嘉兴市打造城乡一体化先行地行动纲领(2008—2012年)》及七个推进体系实施方案,浙江省委、省政府将嘉兴市列为全省统筹城乡综合配套改革试点区。在浙江省发展和改革委员会的具体指导下,嘉兴市制定了《嘉兴市统筹城乡综合配套改革试点总体方案》和《关于开展统筹城乡综合配套改革试点的实施意见》,嘉兴市的城乡一体化发展迈入向纵深推进的新阶段。

嘉兴市在2009年对全市城乡统筹模式及相关城市规划方法进行全面研究,并对市域总体规划编制进行一定深度的探讨。在新的背景和要求的推动下,嘉兴市的城乡统筹改革实践力度不断加大,成效显著,成为全国城乡统筹改革的示范。为此,市域总体规划必须根据全省统筹城乡综合配套改革试点的新背景,从更具体的要求、更深的层次上进行调整,以适应嘉兴市网络型大城市建设的新形势和新要求②。

2.2.5 嘉兴市推进城乡一体化的基础条件

全市居民收入大幅增长,城镇居民人均可支配收入达到12800元,农民人

---

① 陆枭麟,张京祥,皇甫玥.发展环境变迁背景下的全域城乡规划比较研究[J].规划师,2010,26(7):13-18.

② 甄延临,黄贵超.城乡统筹背景下的市域总体规划编制探讨——以嘉兴市为例[J].城市发展研究,2012,19(2):60-65.

均纯收入达到 6100 元,居民恩格尔系数明显降低。所辖县(市、区)均进入全国经济百强县前 50 位,并成为浙江省小康县,各县(市)人均生产总值、城乡居民生活水平较为接近。

城市化进程迅速,城乡联系日益紧密。自改革开放以来,嘉兴市城市化水平逐年提高,1978 年不足 20%,1990 年达到 30.6%,年均提高 0.88 个百分点。1995 年城市化水平达到 35.3%,五年年均提高 0.94 个百分点;2002 年城市化水平达到 42.8%,七年年均提高 1.07 个百分点。嘉兴市已初步形成以嘉兴市区为中心、县(市)域中心城市(镇)为骨干、中心镇和一般建制镇为支撑的市域城镇网络体系。随着城市化水平提升,外商资本、工商资本、民间资本等纷纷投资效益农业,农村居民进城定居,工农互补、城乡融合发展趋势显著。

城乡基础设施条件显著改善,区位优势逐渐转化为经济优势。一是接轨上海发展战略成效显著,区位优势已转化为经济地理优势。二是全市初步形成半小时交通经济圈,农村实现村村通公路,通村公路等级率迅速提高。市区和县(市)城乡公交一体化工作进入规划实施阶段,部分线路已开通运行。三是城镇基础设施向农村延伸,邮电、通信资源城乡共享,城乡用电同网同价,自来水普及率持续提升。

统筹城乡就业工作取得新进展,社会保障改革实现新突破。随着户籍改革政策实施,嘉兴市逐步建立居住地登记管理制度,农民进城门槛基本消除。取消使用农村劳动力的计划审批制度,城乡实行统筹就业制度,全市城乡一体化劳动就业市场初具规模。城乡居民低保实现一体化管理,基本养老保险覆盖范围不断扩大。到 2002 年底,全市城镇职工基本养老保险参保人数 56.87 万人,农村社会养老保险累计参保人数 49.96 万人。医保和城乡居民合作医疗制度不断完善,全市医保覆盖面达 38.23 万人,乡镇、乡村合作医疗覆盖率分别达到 100% 和 98.76%。

教育优先发展战略落实,城乡教育质量不断提升。各县(市、区)创建为省级教育强县,51 个镇(乡)成为省级教育强镇(乡)。基本普及 15 年教育,学前 3 年幼儿入园率达 92.5%,小学入学率、巩固率均达 100%,初中入学率达 99.97%,巩固率达 99.94%,初中升高中比例达 90.18%。全市义务教育入学率、巩固率、初中升高中比例、初中和小学校均规模等主要指标处于全省领先水平。高等教育实现跨越式发展,建设 3 所普通高校和 2 所成人高校,高校在校生达 2.15 万人。教育现代化水平不断提高,教育质量稳步提升。

城乡生态环境一体化建设起步,环保基础设施建设取得重大突破。一是市委、市政府明确提出建设生态市目标,各县(市)开展创建生态县(市)、生态乡镇活动。二是全市污水逐步实现集中处理,污水处理厂、收集输送管网布局初具规模。三是生态农业建设取得积极进展,农业农村污染治理工作步入轨道。四是清洁生产和绿色企业成为企业发展动力,科技先导型、资源节约型和清洁生产型企业逐步获得认证。五是河道整治、绿化造林工程稳步推进,城乡生态环境逐步改善。六是垃圾焚烧实现区域化运作,市区以及嘉善、平湖、海盐垃圾实现集中焚烧处理。

2.2.6 嘉兴市推进城乡一体化的主要任务

2000—2010 年,嘉兴市在市域总体规划中,将城乡一体化视为核心任务之一,旨在突破传统的城乡二元体制,推动城市与乡村地区的协同进步。城乡一体化工作的总体目标分为三个阶段:第一阶段,到 2005 年,城乡一体化工作步入正轨,部分领域实现突破性进展,建立健全城乡一体化推进机制和体系;第二阶段,到 2010 年,显著缩小城乡差距,基本消除城乡二元结构,使城乡主要指标实现接轨,初步形成城乡一体化发展格局;第三阶段,在此基础上,经过十年努力,到 2020 年,实现城乡一体化发展目标。

这一规划旨在实现基础设施、公共服务、经济发展机会和生态保护等方面的城乡平衡与互补,以提升乡村地区的生活水平,改善经济发展状况,同时促进城市的可持续发展。城乡一体化不仅体现为空间和经济的整合,更是一种社会公平和共同富裕的愿景,确保全体市民都能共享发展成果。

2.2.6.1 城乡空间布局一体化

进一步深化规划体制改革,加强对各类规划的统一管理,强化各类规划的系统性、规范性、实用性和权威性,逐步建立相互配套、衔接、管理有序的规划体系。秉持城乡一体化的理念,科学编制和完善市域生产力布局规划、城镇体系规划、村镇规划、土地利用总体规划、水利规划等,加快农村新社区建设步伐,努力构建城乡联动、整体推进的空间发展形态。

克服长期条块分割带来的影响,逐步改变地区间生产力重复布局、产业结构与城镇职能雷同等不合理现象,进一步优化生产力布局规划。在全市范围内统一规划布局重大产业发展项目、重大公共事业项目、重大社会发展项目,以提高资源配置效率和设施共享度。

编制和实施新一轮城市总体规划和市域城镇体系规划,充分发挥各级城镇在人口、物质、资金、观念、信息等各种要素汇聚中的枢纽与孵化器功能,促进区域经济和社会发展。大力发展中心城市,积极培育壮大中小城市,扶持发展中心镇,整合中心村和农村居民点的建设,构建以市区为中心、一主多副、功能互补的网络型大城市框架。

至 2005 年,城市化水平达到 48%,市域中心城市人口规模达到 65 万,县域中心城市人口规模达到 10 万~15 万,县市域中心镇人口规模达到 3 万~5 万。至 2010 年,建成网络型大城市,市域中心城市人口规模达到 100 万,县域中心城市人口总规模达到 100 万,其中海宁长安、桐乡濮院等省级中心镇人口规模达到 3 万~5 万,全市城市化水平达到 60%。

积极完善各级土地利用总体规划,强化土地管理。坚决实行最严格的土地保护制度,切实加强对土地开发利用的管理,加强对基本农田的保护和建设,确保粮食生产能力不断提高、土地资源充分利用,发挥土地资源对经济社会发展的推动作用,实现经济社会发展和土地资源利用相协调。

做好新一轮土地利用总体规划修编工作,各级土地利用总体规划要突出重点,优先保证重点发展区域和产业建设用地,引导产业集聚,提高单位土地的利用率和产出率。全面启动农村宅基地整治,鼓励农民自愿退还宅基地,促进农村人口的转移和集中。

强化农村新社区规划建设工作,按照人与环境和谐发展的指导原则和体现文化内涵、反映区域特色的总体要求,搞好农村新社区规划,全面推进"百村示范、千村整治"工作。城市和有条件的中心镇要结合城市化和工业化的推进,打破行政界限,按照"城市—镇社"区标准建设高标准的农民住宅小区。原则上停止城市、中心镇规划控制区内的农民联建住房建设,改为统一建造城市、城镇住宅小区,实行公寓式安置,避免造成新的"城中村"和"二次拆迁",推动农村人口向城市、城镇集聚。

对离城市、城镇较远的农村地区,要针对村庄的不同情况,对村庄实施建设性、整治性或萎缩性管理,通过适当兼并自然村、改造旧村庄、拆除空心村等工作,强化中心村的规划建设,推进农村新居建设的集聚和配套服务设施建设,不断提高农村居民生活质量。

2.2.6.2 城乡基础设施建设一体化

作为推动城乡一体化的关键,嘉兴市加快交通建设,尽早构建省内外城乡互通、便捷高效的交通网络,成为我国率先实现交通现代化和公交一体化的地区。

第一,开展高速公路网络化工程。在已有沪杭、乍嘉苏高速公路的基础上,新建杭州湾跨海大桥及其北岸连接线、申嘉湖(杭)高速公路、杭浦高速公路、嘉兴至绍兴高速公路、盐官西经桐乡梧桐至乌镇高速公路(向南连接杭甬高速公路,向北连接规划中的申苏浙皖高速公路)、沪杭高速公路拓宽等工程。至 2010

年,构建"三纵三横三连"的高速公路网络,全市高速公路里程达到 450 千米,构建嘉兴市至上海、杭州、宁波、苏州、湖州、绍兴等周边城市均有高速公路相连的高速公路网络。

第二,实施干线公路畅通工程。至 2005 年,确保嘉兴市区至各县(市)行政中心均有两条以上的快速干道相连,各县(市)之间以一级公路相连。重点推进07 省道嘉兴至乍浦一级公路、沪杭高速公路王店连接线一级公路、嘉兴至湖州一级公路、嘉兴至海盐南北湖一级公路、嘉兴至嘉善公路、嘉兴至桐乡公路、湖盐线一级公路改建。建设市本级中心镇镇际快速通道。

第三,推进乡村康庄工程。以连接高速公路和干线公路,方便农村居民出行为核心,加快农村公路标准等级化、路面铺装高级化、道路结构网络化建设。全市通村公路至 2004 年底全部实现硬化、黑化,至 2005 年全部达到等级公路标准;县城至乡镇公路至 2007 年基本达到一级公路标准;至 2005 年底基本完成全市 5000 座危桥及低标准桥梁的改造任务,全面完成全市 32 处渡口撤渡建桥工作。

第四,实施城乡公交一体化工程。至 2005 年,全市基本实现村村通公交目标。

第五,开展"水运强市"工程。除继续加强内河航道建设外,构建以"三横二纵三连二延伸"为干线的四级航道网络,重点建设嘉于硖线、东宗线、乍嘉苏线航道和杭平申线等。

此外,根据城市服务设施标准,建设与农村居民日常生活密切相关的公用服务设施。

第一,加快城乡一体化供水建设。扩大市县(城)水厂供水规模,加快市、县(城)水厂与乡镇水厂的联网步伐,逐步取消以地下水为水源的自来水厂,形成以嘉兴市区水厂、各县(市)水厂为主体的供水体系。积极开展境外引水工程前期准备工作。至 2005 年,实现以市本级、县(市)域为单位的区域城乡供水一体化目标。至 2010 年,基本形成全市性的城乡一体化供水格局。

第二,加快城乡燃气一体化建设。按照可使用天然气的要求,积极做好市区、各县(市)燃气管网建设工作,并逐步向乡镇所在地延伸。至 2005 年,市区、各县(市)基本完成燃气管网建设工作,城市居民管道天然气(液化气)使用率达到 60%。至 2010 年,基本完成市区、各县(市)与重点乡镇管道联网工作,城市居民管道天然气使用率达到 90%。

第三,完善电力电信网络一体化建设。实施热电联产规划,启动建设一批输变电及配套设施项目,完善城乡供电网络。依托现有的通信公司,加快管线、基站等设施建设,形成高标准的城乡通信网络体系。

2.2.6.3　城乡产业发展一体化

统筹城乡发展和区域发展，推动城乡产业发展一体化进程，充分发挥区域经济的"集聚效应"与"扩散效应"，构筑城镇与产业结构布局合理、市场体系完善、政策制度一体、信息资源共享、交通体系完备的区域经济共同体。一是打破行政区划界限，从更宽领域、更高层次合理配置区域资源。二是加快传统农业向现代农业的跨越。重点发展设施农业、都市农业、观光休闲农业、外向型农业、生态型农业，不断强化农业经济功能、农业生态功能，拓展农业社会文化功能，努力为城乡居民提供更多、更好的优质安全食品，大力提高农业比较效益，增强农业的竞争力。三是实施以中心工业园区为核心的集中工业化战略。科学规划，合理开发，全力构筑新一轮发展载体，把园区"做特、做强、做优"，积极引导相对分散的同类企业进行集聚，加快农村工业化步伐，发挥产供销群体优势，逐步形成规模化、特色化、生态化的园区发展新格局，创造块状经济发展新优势。四是大力发展现代物流业和旅游业。依托区位和交通优势，积极改造提升传统商贸业，培育和发展一批规模大、辐射力强的大型专业市场，建设一批现代物流园区，形成大市场、大贸易、大流通格局。以构筑"六区一带一网"大旅游格局为目标，以景点开发、星级酒店、旅行社、旅游集散中心、会展中心等建设为载体，打造一批旅游精品，推动旅游业的发展。五是促进三大产业在城乡之间的广泛融合，努力实现城乡经济共同繁荣。中心城市要努力在金融商贸、旅游、信息、教育、交通运输、科技文化和外贸口岸等领域完善功能，发挥龙头作用，提升竞争力。各级中心镇要努力成为各种要素流动的枢纽和创新的孵化器。农村要以农产品加工业为核心的农业龙头企业的发展、各类合作经济组织的发展为重点，推进农村经济集约化进程，逐步实现城乡经济的对接。

2.2.6.4　城乡劳动就业与社会保障一体化

构建健全的劳动就业一体化网络体系，全面实现城乡劳动就业一体化。

第一，完善劳动就业管理、服务体系，实行统一规划、统一市场、统一管理，优化配置城乡劳动力资源，将就业管理服务工作延伸至社区。加速嘉兴市人力资源中心市场以及各县（市、区）、镇（乡、街道）市场建设，构建劳动力资源和就业用工单位市、县（市、区）、镇（乡、街道）、社区四级信息网络，实现劳动力资源和用工信息的共享。各乡镇需建立劳动求职志愿库、用工信息库和劳动用工手册制度，强化劳动用工信息发布。逐步建立城乡统一的就业、失业统计制度，统一城乡就业服务内容与标准。

第二，整合劳动就业培训资源，构建以职业技术院校、就业培训中心、乡镇成人学校为骨干,各类社会力量培训机构、行业主管部门、企事业单位共同参与的完善的城乡劳动力培训体系,为社会提供各类上岗培训、转岗培训、岗位培训,对农村劳动力和就业弱势群体进行免费培训。2004—2007 年,全市开展农业技术培训 40 万人次以上,开展农村转移劳动力培训 60 万人次以上,使全市 80％的农村适龄劳动力得到培训,较好地掌握一门实用技术、技能,培训后就业率达到 60％。积极推行劳动预备制度和就业准入制度,提升职业资格和职业技能证书的社会地位。

第三,消除劳动就业歧视性观念,强化《中华人民共和国劳动法》等法律法规的宣传与监督管理工作,切实消除劳动用工中城乡居民同工不同酬等不合理现象。

构筑城乡社会保障相衔接的框架体系,不断扩大覆盖面、提高农村居民享受标准,逐步缩小城乡差距。

第一,建立多层次的养老保险体系,推进城乡养老保险协调发展。认真贯彻执行《浙江省职工基本养老保险条例》和《嘉兴市人民政府关于进一步完善城镇职工基本养老保险若干问题的实施意见》(嘉政发〔2002〕42 号)等有关文件精神,不断提高保障覆盖率,到 2004 年底,实现所有用人单位职工养老保险全覆盖,所有企业职工实行统一的城镇职工基本养老保险制度。完善失地农民参加城镇基本养老保险的办法,切实保障被征地农民合法权益。鼓励农村居民中有一定经济实力者参照城镇自由职业者参保基本养老保险。按照"一体系、多层次、广覆盖"的原则,完善农村养老保障制度。到 2005 年底,全市劳动年龄段以上城乡居民养老覆盖面达到 60％,2010 年达到 90％。

第二,建立完善失业保险制度,引导农村个体工商户、工商企业从业人员、农业企业经营者、股东或劳动者参保失业保险。

第三,深化医疗保险制度改革,建立个人缴费、集体扶持、政府资助的合作医疗保险制度,加大政府对合作医疗的资助力度,扩大合作保险覆盖面,逐年提高享受标准。到 2005 年底建立基本覆盖城乡居民应保对象的新型合作医疗保险制度,到 2010 年实现城乡合作医疗与企业职工大病医疗社会统筹的基本接轨,逐步实现城乡医疗保障的一体化。

第四,改革传统的城乡社会救助制度,建立城乡一体化的社会救助体系。进一步完善城乡居民最低生活保障制度,逐步扩大覆盖面,提高享受标准,缩小城乡低保享受标准差距,改善城乡贫困人口生活质量。合理确定市、县(市、区)、镇(乡)财政负担比例,对财政困难的乡镇要提高县级财政投入比例,切实做到保障资金列支渠道畅通。抓好城镇"三无对象"和农村"五保户"对象集中供养,力争三年全覆盖,逐步将全社会的老年人、残疾人、孤残儿童以及需要救助的特殊困难人群纳入福利对象范围,保障其基本生活需求。建立城乡一体化的重大疾病救助制度,使具有本市城乡常住户口、享受城镇居民最低生活保障和农民最低生活保障或农村特困户救济待遇且未参加基本医疗保险的城乡居民,在本市各医疗保险定点医院接受指定病种治疗时均能享受医疗救助。加大扶贫帮困力度,统一协调对困难群众的救助工作,确保救助对象不遗漏,充分发挥慈善救助作用,完善捐赠救助管理制度,实现慈善捐赠活动经常化、制度化目标。

2.2.6.5 城乡社会发展一体化

我国在全面建设社会主义现代化国家的进程中,始终坚持统筹城乡"两个文明"建设,致力于实现城乡共同发展。为了加快现代文明向农村辐射扩散和城乡融合的步伐,必须大力发展教育、卫生、文化体育、科技、广电、信息等社会事业,不断提高农村居民的生活质量,缩小城乡差距。嘉兴市紧紧围绕这一目标,加大政策扶持力度,推动城乡资源共享。

在教育领域,实施"分级管理、以县为主"的基础教育管理体制,并加大县级政府的统筹力度。增加农村基础教育的投入,逐步推动高中段教育向中心城市和县城集中,农村初中向城镇聚集,农村中小学及幼儿教育向乡镇和中心村集中,以优化学校建设布局。此举旨在解决部分中小学规模较小、办学条件和教育质量差异较大的问题,实现高标准义务教育。同时,积极开展名师、名校长工程建设活动,强化城乡教师培训体系,加大城镇学校对农村学校的支持力度,努力推动城乡教育均衡发展,实现城乡优质教育资源共享,促进城乡教育现代化。截至 2005 年,全市各县(市、区)均通过省教育强县复评,90%的乡镇成为省教育强镇。全市城乡学前三年幼儿入园率达到 94%,其中农村幼儿入园率达到90%,80%的乡镇中心幼儿园达到省标准。农村中小学布局调整和薄弱学校改造基本完成,农村初中向乡镇集聚、农村小学向乡镇和中心村集聚的发展格局初步形成。全市初中升高中比例达到 93%,其中农村初中升高中比例达到88%,基本完成高中段教育向中心城市、县城集聚的建设任务。全市所有乡镇成人文化技术学校达到二级标准,其中 25%达到省示范标准,40%达到省一级标准。至 2010 年,全市所有乡镇均成为省教育强镇,全市整体达到省教育强市标准。全市城乡学前三年幼儿入园率达到 97%,其中农村幼儿入园率达到95%,基本建立起园舍标准、师资合格、管理规范、质量保证的城乡幼教体系。义务教育学校办学条件和教学装备均达到国家标准,基本实现义务教育阶段学校办学条件和办学水平的现代化、均衡化。初中升高中比例达到 95%,其中农村达到 92%。全市 18~22 周岁学龄青年接受高等教育的比例达到 40%,嘉兴学院新校区建设基本完成,高校在校生人数达到 5 万人,实现高等教育大众化。此外,基本建立起社会化、开放型、多层次、多形式的终身教育体系。

在卫生领域,着重提升医疗卫生服务能力,完善基础医疗制度,强化公共卫生体系,全面推进城乡卫生一体化,以确保城乡居民的健康。首先,构建现代化的疾病预防控制体系,以市、县两级疾病预防控制机构为核心,社区卫生服务和各类医疗机构为基础,构建覆盖全社会的三级疾病预防控制网络。此举旨在提升疾病预防控制机构的监测、预警能力,提高技术水平和应急反应能力,有效预防和控制各类传染性疾病和慢性传染病,及时应对和处理各类突发公共卫生事件;目标为将全市及各县(市、区)的传染病年发病率控制在 300/10 万以下。至 2005 年,完成市公共卫生中心、市紧急救援中心、市传染病医院等重点项目建设;完成预防控制网络、医疗救治网络建设;实施人才建设工程、科技工程、社会支持工程建设。其次,建立健全三级卫生监督执法体系。由市、县(市)卫生监督所及中心镇卫生监督派出机构组成三级卫生监督执法体系和组织网络。至 2004 年,完成市、县两级卫生监督所的基础设施建设,各县(市)以中心镇为单位、分片设立县级卫生监督所派出机构。至 2010 年,实现城乡卫生监督全覆盖,食品卫生检测合格率不低于 85%。再者,构建覆盖城乡居民的社区卫生服务网络。建立健全县(市、区)、镇(乡)、村(社区居委会)的社区卫生服务机构体系。至 2007 年,实现每个镇(乡、街道)创建 1 个社区卫生服务中心,人口集中的行政村(社区)创建 1 个社区卫生服务站的建设目标,城乡居民覆盖率达到 95%,乡村二级卫生机构一体化管理率达到 90%。逐步建立、完善城乡居民健康档案制度。最后,完善妇幼保健工作网络,提高生殖保健和妇幼保健的服务能力和管理水平。全市妇幼保健工作的主要指标保持在全国、全省领先水平。孕产妇保健覆盖率以乡镇为单位达到 95%。至 2010 年,县(市、区)以上妇幼保健机构均开展产前筛查工作,新生儿疾病筛查率达 90%,计划免疫以乡为单位,儿童预防接种率达 95%。

在文化体育领域,遵循“政府主导、市场运作、共建共享、共同管理”的基本原则,统一规划和建设全市重大文化体育设施。力求在 2006 年达到申办省级运动会的标准,并在 2010 年达到申办全国性城市运动会的条件。在市本级完成“一院三馆”建设的基础上,规划新建体育中心、体育健身中心、体育艺术学校等关键文化体育设施。各县(市、区)应着重推进“二馆一站”(文化馆、图书馆、文化站)和“一场一馆一池”(体育场、体育馆、游泳池)的建设。城市(镇)社区和乡村需重视文化中心、文化室等综合性文化活动场所的建设,消除社区文化中心、行政村文化室建设空白点。县(市、区)文化馆、图书馆的建筑面积不低于 5000 平方米。至 2007 年,嘉兴市 66% 的镇(乡、街道)文化站建筑面积达到

1000 平方米,藏书 1.5 万册以上,年购新书不少于 1000 册,晋升为省级"东海文化明珠"。至 2010 年,嘉兴市上述比例提高至 80%,其余 20% 的镇(乡、街道)文化站建筑面积达到 500 平方米,藏书 8000 册以上,年购新书不少于 800 册,被评为市级"东海文化明珠"。社区资源整合方面,按照资源共享原则,标准配置社区服务、活动用房,其中高档社区阅览室面积为 80～100 平方米,图书报刊总量 3000 册以上。积极发起文明城市、文化先进县、文化特色村、文化主题社区、文化示范户等创建活动。全面发展文艺创作,全面推进全民健身计划,丰富和活跃城乡居民文化生活。加强民族民间特色文化的保护、开发和利用,创建一批全国、省级民间艺术之乡。

在科技领域,嘉兴市以强化科技实力为目标,不断优化科技发展环境,加强科技资源集聚和创新能力,加速构建以企业为主体的区域科技创新体系和技术创新机制。嘉兴市推动高新技术产业和特色优势产业的快速发展,加速传统产业的转型升级,以及社会领域科技的进步。嘉兴市以信息化推动工业化,实现技术的跨越式发展,推动经济增长方式的转变和产业结构调整。至 2005 年,嘉兴市旨在将农业先进适用技术的覆盖率提升至 90%,优质良种的覆盖率达到95%。同时,嘉兴市致力于提高农技人员和农民的素质,使得乡镇农技人员的文化程度基本达到中专,农业专业大户普遍获得农民专业技术职称。嘉兴市期望在重点领域形成高新技术的产业规模和优势,使得高新技术产业增加值占工业增加值的比重达到 20%,高新技术产品出口占外贸出口总额的比重达到10%。至 2010 年,嘉兴市的目标是建立省级研发中心 20 家、市级研发中心 30家,形成完善的区域创新体系和科技进步机制。嘉兴市希望区域创新能力和先进技术应用能力达到国内同类城市的先进水平,科技对产业结构调整和经济社会发展的贡献率显著提升。经济重点发展行业的技术达到国内先进水平,高新技术成为主导产业,传统产业技术水平明显提升,科技综合实力位居全省前三。

在信息领域,应构建一个以互联网为基础的统一服务平台,并对现有的政务公共服务应用系统和网络进行整合。将社会保障、公共卫生、科技教育、文化娱乐等信息系统和网络延伸至乡镇农村,使农民能够与城市居民一样,便捷地通过互联网获取和发布信息、进行网上交易以及享受公共服务,从而提升农民的生活水平和质量。嘉兴市计划在 2010 年前实现宽带网络覆盖农村,并加快农业专业服务网的建设,完善农业信息服务体系。同时,设立村级公共电子阅览室,加强农民信息技术应用能力的培训,逐步将农业专业服务网打造成农民发布农产品信息,获取产供销信息、农业科技信息以及农业生产信息的统一平台。

在广播电视领域,致力于推动农村广播电视事业的进步,加速农村有线广播电视入户工程建设,提升农村地区有线电视的入户率和普及率。至 2005 年,农村有线电视基本普及,入户率可达 85%。到 2010 年,实现农村有线电视的广泛覆盖,确保城乡居民均可接收到高质量的广播电视节目。加快有线数字电视网络的建设,提升广播电视收视质量和服务水平,逐步使城乡居民享受到同等水平的广播电视宣传教育及娱乐功能。至 2006 年,通过广播电视数字化改造,大部分城市居民以及部分农村居民可收听收看数字电视、数字广播带来的丰富节目,体验数字广播电视提供的节目点播、宽带上网等特色服务。至 2010 年,嘉兴市有线广播电视系统完成全面数字化改造,基本实现嘉兴市广播电视城乡一体化目标。

2.2.6.6　城乡生态环境建设与保护一体化

坚定秉持以人为本的原则,塑造全面、协调、可持续的发展观念,通过全面开展生态市、县(市、区)、镇创建活动,大力推进生态经济的发展,优化城乡生态环境,培育生态文化,以实现区域经济社会与人的协调发展。

首先,全面开展生态市及国家环境保护模范城市的创建工作,制定并实施生态市、县(市、区)建设规划及生态环保功能区划,进一步推动生态示范区建设,全面启动生态乡镇创建工作。重点关注农业农村面源污染的无害化处理、资源化利用和生态村镇建设,大力改善农村生态环境。至 2005 年,各县(市)力争通过国家级生态示范区验收,嘉兴市通过国家环境保护模范城市验收,全市绿化覆盖率达到 37%。农村地区禽畜粪便得到有效控制,初步构建良好的生态农业环境,农村脏乱差现象基本消除。至 2007 年,有三个县(市)完成生态县(市)创建工作。至 2010 年,全市 80% 的乡镇创建为生态乡镇,所有县(市)完成生态县(市)创建工作,嘉兴市成为生态市,全市绿化覆盖率达到 45%。农村生态环境实现根本性好转,农村居民的生产生活质量得到保障。

其次,以水污染治理为核心,进一步加强对城乡环境的综合治理。重点抓水污染防治、饮用水源及地下水的保护工作,防止水源污染事件的发生,确保城乡用水安全。至 2005 年,全面禁止开采地下水,中心镇生活污水和工业废水得到有效治理,各类污染物排放量达到总量控制目标要求。至 2007 年,水环境质量向更高类别稳定、持续演变。至 2010 年,中心城镇污水处理率达到 100%,水环境质量在持续、稳定好转的基础上再提高一个等级,重要水域基本满足水功能区要求。以改善能源结构、调整产业结构、建设烟尘控制区为抓手,进一步改善大气环境质量。至 2005 年,空气环境质量稳定在二级,二氧化硫、氮氧化物、可吸入物等空气质量指标稳定在二级,各种大气污染排放物得到有效控制。至 2010 年,空气环境质量好于二级,各种大气污染排放物全面达标。加强城乡生活垃圾收集系统建设和固体废弃物的综合治理,加快固体废弃物资源化再生利用步伐。至2005年,城镇生活垃圾得到有效处置。至2010年,城乡生活垃圾基本实现分类收集,无害化处理率达到100%。资源化利用成为固体废弃物处理的主要途径。对餐饮娱乐服务业和建筑业噪声进行严格管理,控制工业噪声源,加强对市镇和交通线路的交通噪声综合治理,全面启动"安静小区"创建工作,使噪声污染问题得到有效控制。

最后,大力推进清洁生产,逐步建立完善的清洁生产管理体制和实施机制,积极引导企业实施清洁生产和环境管理体系认证。重视发展循环经济,将不同企业和产业连接起来,形成资源共享、副产品互换的产业共同体,减少资源浪费,实现资源循环利用。强化万里河道整治工作。用五年时间投资21亿元,整治河道2220千米,逐步实现"河畅、水清、岸绿、景美"的整治目标。积极实施万顷绿化和绿色通道工程,美化城乡环境。至2005年,全市森林覆盖率达到23%,嘉兴市区建成区绿化覆盖率达到40%,绿地率达到38%。至2007年,完成全市所有已建成的高速公路、国省道、县乡公路"绿色通道"建设,进一步做好主要航道绿化工作。

2.2.7 嘉兴市推进城乡一体化的保障措施

2.2.7.1 营造城乡一体化工作的良好氛围

一是强化宣传,进一步提高各级领导和城乡居民对城乡一体化工作重要性、艰巨性和紧迫性的认识,形成全社会关心、支持和参与城乡一体化工作的氛围。各新闻单位要将这项工作列为宣传报道的重点,有计划、有步骤地开展全方位的宣传。

二是建立健全城乡一体化工作的组织体系。各县(市、区)要成立相应的领导、工作机构,落实专门工作人员安排。

三是编制、完善城乡一体化专题发展规划和实施意见,确定一批城乡一体化重点建设项目。

四是明确分阶段工作目标,建立目标责任制。形成"主要领导亲自抓、分管领导具体抓、政府各部门齐抓共管"的工作局面。

五是抓好一批试点。选择基础条件比较好,经济实力比较强,城市化水平比较高的县(市)、中心镇作为城乡一体化工作试点县(市)、乡镇。

2.2.7.2 构筑城乡一体化创新体制机制

一是深化户籍管理制度改革,研究制定相关改革措施,逐步消除附着于户籍的社会保障、劳动就业、计划生育、退伍安置、文化教育等城乡差异政策,全面构建以居住地登记户口为基本形式,以合法固定住所或稳定职业为基本落户条件,以法治化、证件化、信息化管理为主要手段,与市场经济体制相适应的新型户籍管理制度。至2006年,基本建立统一的城乡一体化户籍登记制度,逐步实现外来人口本地化。

二是突破行政边界,构建合理利益协调机制。适应网络型大城市发展形态,建立与之相适应的行政管理体制,加强全市范围内规划调控。加强各类园区整合政策研究,改革和完善现行考核体系,确保非工业主导乡镇的经济利益。加大新农村建设和农村村庄改造政策研究力度,出台鼓励和引导农村村庄集中发展的政策意见,加快农村村庄改造步伐。

三是依据统筹城乡经济社会发展和深化财税体制改革要求,加快完善公共财政体制,将投入重点转向农村,加大农村投入力度。重点保障农村教育、文化、卫生事业,加强农民基本素质和基本技能培训,加强社会保障体系建设,交通、道路、水利等基础设施建设,重视传统农业现代化改造,农业产业结构调整,农业园区、特色农产品基地建设,农产品防疫检测安全体系建设,农村敬老院、"百村示范、千村整治"、万顷绿化、农村能源利用等农业公益设施和生态环境建设,平衡城乡经济社会发展水平。

四是构建多元化投融资体制,积极引导社会各类资金投入城乡一体化建设。①充分发挥政府财政资金引导作用,努力形成政府推动、多元投资、市场运作的资本经营机制。②充分利用工商资本、民间资本充裕的优势和招商引资基础条件良好的实际情况,创新思路,拓宽渠道,构建多元化城乡一体化建设投融资体制。放宽民间资本进入城镇基础设施、公用事业领域的限制,除特定行业外,实行民资进入"零门槛"。

五是深化征地制度改革,切实保障农民土地权益。完善以养老保障为主要方式与市场化就业相接轨的征地补偿制度,优化运作程序,逐步提高被征地人员安置标准,逐步消除与城镇居民缴纳社会养老保险的差距,实现同等待遇。按照城乡土地市场一体化发展方向,积极探索国有土地、集体土地使用权相衔接的新的土地管理模式和农村集体非农土地进入市场的途径。稳妥推进土地流转工作,提高土地流转水平,促进农业规模经营的发展。

六是加速农村集体资产管理制度创新。在全市试点基础上,稳妥推进农村村级集体资产(包括土地)的社区股份合作制改造,实行折股量化,股随人转,割断农村户口与村级资产(包括土地)权益分配的联系,进一步拓展农民离土离乡的发展空间,促进农村人口向城镇集聚。

2.2.7.3 强化城镇集聚、辐射功能

(1) 全面优化城市规划体系,提升城市发展品质。

①以"大市"的观念,整合市域、县(域)城镇体系规划和城市(镇)总体规划,确保城市发展一盘棋。同时,编制和完善供水、供电、交通、通信、环保等专项规划,为城市发展提供基础设施保障。

②加快各级城市(镇)建设步伐,有计划地扩大城市(镇)规模,增强城市(镇)综合实力。摒弃传统、低层次、分散式的城市化发展模式,大力推动高层次的集中城市化,以高标准、高起点规划建设中心城市(镇),培育一批规划布局合理、环境优美、具有地方特色的现代化新城市(镇)。

③市域中心城市的规划建设要着眼于全市发展,注重城市资源整合。尤其要加快南湖中心区、经济开发区、秀洲新区、秀城新区的建设,形成一主多副、组团式的城市空间结构,提升城市发展水平。

④积极引导优质产业向城市(镇)集聚,创造更多就业机会,吸引农民进城,促进城乡融合发展。

(2) 推进行政区划调整,优化城乡发展格局。

①适时开展撤镇建街道、撤乡并镇、撤并行政村等行政区划调整工作,提高行政效率,降低行政成本。

②整合中心村和农村居民点的建设,优化城乡布局,形成布局合理、道路硬化、村庄绿化、路灯亮化、卫生洁化、河道净化的发展格局。

③加强乡村基础设施建设,提升农村公共服务水平,推进城乡一体化发展。

(3) 加快城乡规划管理一体化,提升农村建设品质。

①加强城乡规划管理一体化建设,实现农村建筑的规范设计、有资质施工、法治化管理。

②提高农村建设品质,打造具有地方特色的美丽乡村,提升农民生活水平。

③加强农村生态环境保护和治理,确保农村绿色发展,为城市和农村居民创造美好生活。

2.2.7.4 夯实城乡一体化经济基础

一是深化"前沿阵地"的战略定位,全力将地理优势转化为经济优势。浙江省地处我国沿海经济带的重要节点,拥有得天独厚的自然区位优势。随着浙江省积极实施"接轨上海,扩大开放,积极推动长江三角洲地区经济一体化"的重要战略,嘉兴市被省委、省政府确定为全省接轨上海、扩大开放的"前沿阵地"。这一历史性机遇为嘉兴市带来千载难逢的发展契机。

二是抓住产业转移和辐射的契机,提升区域经济实力。作为"前沿阵地",嘉兴市应主动承接上海等中心城市的产业转移,充分利用地理优势和政策优势,吸引优质企业入驻,推动产业集群发展。同时,要加强与上海等城市的产业配套,提升自身产业竞争力,进一步发挥地理优势转化为经济地理优势的作用。

三是加强基础设施建设,提升城市综合竞争力。要紧紧抓住浙江省委、省政府把嘉兴市作为全省接轨上海、扩大开放的"前沿阵地"的机遇,加大基础设施建设投入,提升交通、能源、信息等领域的互联互通水平,为产业发展和人才流动提供良好条件。

四是创新体制机制,激发经济发展活力。在承接产业转移和辐射的过程中,嘉兴市要不断创新体制机制,优化营商环境,提高政府服务水平,激发市场主体的活力和创造力。同时,要加强人才引进和培养,提升人才队伍的整体素质,为经济社会发展提供强大的人才支撑。

五是深化区域合作,实现共赢发展。嘉兴市要充分利用地处长江三角洲地区的优势,加强与周边城市的交流合作,推动区域经济一体化进程。通过资源共享、产业协同、科技创新等方面的合作,实现区域间的共赢发展,为我国沿海经济带的繁荣做出更大贡献。

六是加速推进环杭州湾产业带嘉兴产业区的建设,加大园区整合及运行机制创新力度,积极发展开放型经济,进一步巩固城乡一体化经济基础。以两沿(沿海、沿路)开发为重心,突出"一极、五区、十八园"的空间布局结构,形成"两带一极"的发展格局。强化"一极",即以科技工业园和临港工业园为核心,设立杭州湾嘉兴经济开发区,侧重发展精密机械、电子元器件、新材料等科技产业以及石油化工、工程材料深加工、钢铁、造纸等产业和出口加工业,打造外资集聚区、先进制造业基地的先导区。"五区"分别为嘉兴中心产业集聚区、临海产业集聚区、临沪产业集聚区、临杭产业集聚区和临苏产业集聚区。嘉兴中心产业集聚区重点发展信息产业、化纤产业、汽车零部件生产加工,积极引进跨国公司和高新技术产业项目;临海产业集聚区以临港型产业为主,着力打造浙北出口加工基地和现代物流基地;临沪产业集聚区侧重发展纺织服装、电子信息、木业家具、机械制造等产业;临杭产业集聚区重点培育化纤、医药、电子信息等高新技术产业;临苏产业集聚区以吸引苏州纺织、丝绸、化纤企业投资兴业为目标,同时利用苏州电子信息优势,吸纳其零部件企业落户。"十八园"包括皮革、化纤、经编针织、毛衫、丝织、木业、家用纺织品、出口服装、新型元器件、光机电、磁性材料、合纤、标准件、纽扣服饰、小家电、电子器材、纸制品、丝绸特色产业园,成为嘉兴市产业区建设的重要支撑。

2.2.7.5 农业农村"五个行动计划"

一是正确贯彻执行中央关于农业结构调整的方针,加强农业科研和技术推广,加快传统农业的改造。

二是强化对农业农村的扶持,建立财政对农业、农村投入稳定增长机制,加大各级财政对农业、农村的转移支付力度,进一步加强农业基础设施建设,提高农业综合生产能力和可持续发展能力。

三是运用现代管理理念加快农业工业化、农业市场化、农业信息化的发展,逐步实现城乡经济的对接。通过发展农产品加工业和农村服务业,延长农业产业链,增加农产品附加值。同时,加强城乡市场体系建设,促进农产品流通和农村消费升级,推动城乡经济融合发展。

四是加快新农村建设,通过调整行政区域、村庄规划等多种手段,促进农村住宅、人口向城镇、村庄规划点集中,提高农村居民对现代文明的共享度。

五是加快农民市民化,在减少传统农民的基础上减少农民绝对量,使农民离土又离乡,真正成为城镇居民。

2.2.7.6 高度重视"慢变量"建设

在嘉兴市全面推进城乡一体化工作的过程中,高度重视"慢变量"的建设显得尤为关键。与城乡基础设施和经济发展等"快变量"相比,"慢变量"如文化、教育、思维方式和生活习惯的改变则需要更长远的视角和持续的努力。

首先,加强农村精神文明建设是缩小城乡差距的重要一环。这不仅包括传统文化的传承,还涵盖现代文明观念的普及。加强农村教育和职业培训,可以显著提升农村居民的文化素质,为他们在现代经济体系中找准位置提供支持。

其次,"文化下乡"和"科技下乡"计划对于丰富农村居民的文化生活,提高他们的科技文化素质至关重要。这不仅可以加强农村居民对现代社会的认识和理解,还能够激发他们对新知识、新技术的学习兴趣,进而推动整个农村社区文化水平和科技水平的提高。

最后,新农村建设和城乡公共服务的完善对于引导农村居民的思维方式、思想意识、生活习惯及行为方式的转变具有重要作用。改善农村居民的居住环境、提供更全面的公共服务,可以有效提升他们的生活质量,同时也能激发他们对更美好生活的向往和追求。

2.2.8 嘉兴市推进城乡一体化的基本成效

近年来,嘉兴市在推进城乡一体化工作方面取得显著的成果,展现出良好的发展态势。在这一过程中,政府及相关机构高度重视城乡一体化建设,围绕政策规划、基础设施建设、公共服务、产业发展等方面进行一系列改革创新和实践探索。如今,嘉兴市城乡一体化工作已取得阶段性的成效,为全市经济社会发展奠定坚实的基础。

一是城乡一体化规划体系初具规模。嘉兴市率先完成《嘉兴市域总体规划》编制,实现市域全覆盖;新一轮《嘉兴市城市总体规划》编制完成,实现规划的城乡全覆盖;构建以市中心城区、六个县区副中心城区(五个县、市,加一个滨海新区)和 40 个左右新市镇为战略节点的"1640"现代化网络型大城市。

二是城乡网络化基础设施基本完善。市域内高速公路密度达到每平方千米 8.6 千米,位列长三角同等地级市城市之首;境内公路网络基本形成,农村公路密度达到每百平方千米 155 千米,等级公路通村率和路面硬化通村率均达到100%;公交行政村通达率达到 100%,污水收集管网覆盖率达 70%,城乡一体化供水人口覆盖率达 62.02%,实现自然村宽带全覆盖和"县县电气化"。

三是城乡多元化增收机制逐步建立。城乡产业融合发展趋势加速,农民就业结构转变,全市农村劳动力中从事第一产业的比例下降到 19.4%,农民收入中工资性收入占比超过 60%。农民财产性收入和保障性收入均有显著增长。2008 年农村居民人均纯收入 11538 元,增幅连续五年超过城镇居民。

四是城乡基本公共服务均等化全面实施。嘉兴市率先在省内实现高中资源向城市集聚的历史性突破,义务教育主要指标领先全省。城乡一体的公共文化服务体系基本形成,建成较为完善的文化信息资源共享工程公共服务网络。"全民健身工程"成果显著,建成 17 个省级体育强镇。基本实现城乡社区卫生服务中心和服务站全覆盖,全市三大类 12 项公共卫生服务指标综合达标率达97.78%。

五是城乡就业和社会保障一体化体系基本确立。城乡劳动者平等就业环境基本形成,2006 年嘉兴市被列为全国城乡统筹就业试点城市。城镇职工基本养老保险持续推进,制定实施城乡居民社会养老保险办法,将城乡居民应保尽保地纳入多层次社会养老保障体系,2008 年全市有 23.4 万农村居民参加养老保险。全面推行城乡居民合作医疗保险制度,全市乡镇(街道)、行政村覆盖率均达 100%。城镇"三无"对象和农村五保户集中供养率达到 99%。

六是城乡生态环境建设与保护成果显著。县(市)均成功创建"国家级生态示范区",嘉兴市成功创建全国园林城市和绿化模范城市,全市已建成 13 个"全国环境优美乡镇"。全市已建成 131 个省级全面小康示范村,完成 846 个村庄的环境整治,实现示范整治全覆盖。全市已建成 14 家集中污水处理厂,形成"城乡一体、四级联动"的垃圾集中收集处理机制,共创建省级绿化示范村 70个、市级绿化示范村 100 个、县级绿化示范村 133 个。

七是基层民主制度化日益健全。全市已创建 42 个先锋工程"五好"乡镇党委、714 个先锋工程"五好"村党组织,分别占全市镇、村总数的 77.8% 和 75.6%。村务公开规范化建设达标率达到 76%。乡镇专职指导员到位率达到 88.7%,科技特派员到位率达到 100%,乡镇青年志愿者队伍到位率达到 100%。全市 90% 的行政村建立综治工作室,全市 95% 以上的镇、村均开展"平安乡镇""平安村"创建,三星级民主法治村达到 87.6%。

2.2.9 嘉兴市统筹城乡综合配套改革的主要内容

2008 年,嘉兴市被省委、省政府赋予重要的历史使命,确定为统筹城乡综合配套改革试点区。这一决策基于对嘉兴市经济社会发展现状的深思熟虑,以及对未来发展趋势的准确把握。为了让这项改革试点工作取得实效,全市各级部门和广大干部群众齐心协力,积极投身于这场具有重要意义的改革事业。为确保统筹城乡综合配套改革试点工作的顺利进行,嘉兴市在充分调研的基础上,制定总体框架方案。全市上下高度重视,精心部署,解放思想,开拓创新,迅速制定具体的实施意见。这一实施意见旨在构建城乡一体化的发展格局,推动城乡基础设施、公共服务、社会保障等领域的均衡发展,为全国其他地区提供可借鉴的经验。为了确保试点工作的有力推进,嘉兴市健全试点推进机制,明确责任主体和时间表,确保各项工作落到实处。在试点工作的推进过程中,全市各级干部和广大群众形成扎实的思想和工作基础,为改革试点工作的深入推进提供有力保障。在推进统筹城乡综合配套改革试点的过程中,嘉兴市坚持积极稳妥的原则,注重改革的系统性、整体性和协同性。市区各级部门紧密协作,确保各项改革措施相互配合、相互促进,形成整体合力。同时,充分尊重农民意愿,保障农民合法权益,让广大农民群众成为改革的红利享有者。

第一,加强领导,构建工作体系。嘉兴市成立统筹城乡综合配套改革领导小组,由市委、市政府主要领导任组长,负责总揽改革试点工作。领导小组下设 7 个由分管副市长牵头的专项推进工作组;专门成立市统筹城乡综合配套改革领导小组办公室,负责全市推进统筹城乡综合配套改革试点的日常工作。各县(市、区)也相应成立统筹城乡综合配套改革领导小组和专项工作组,形成由党委领导、政府负责、部门齐抓共管、上下联动的统筹城乡综合配套改革试点推进工作体系。

第二,深入调研,制定政策意见。全市领导和相关部门为确保战略实施的有效性,进行深入且广泛的调研工作。据此,嘉兴市成功制定《嘉兴市开展统筹城乡综合配套改革试点的实施意见》和《关于开展节约集约用地试点加快农村新社区建设的若干意见》两项政策文件。这些文件明确阐述工作目标、原则、措施、任务,并设定实施路径及时间表,核心在于推动"两分两换"改革,即土地分配与利用方式改革,以及资源配置和产业发展模式转变。此外,嘉兴市提出"十改联动"综合配套改革试点,涵盖经济、社会、环境和文化等多方面全面改革计划。该计划旨在通过一系列相互关联的改革措施,促进城乡协调发展,提高资源利用效率,改善居民生活质量,并推动地区经济可持续发展。在实施政策过程中,嘉兴市采取先行先试、率先突破策略,即在关键领域和区域开展试点改革,待成功后再逐步推广至更广泛区域。通过此方法,嘉兴市能够及时总结试点经验教训,不断优化调整政策措施,确保城乡一体化进程稳健有效推进。

第三,上下衔接,形成工作合力。试点推进中,时任省委常委、常务副省长的陈敏尔对嘉兴市试点情况进行专题调研与指导;省发改委充分发挥试点牵头协调部门的职能,多次到嘉兴市实地了解详细情况,在试点的方法上、政策把握上给予精心指导,对存在的困难和问题给予积极的帮助和协调。市委、市政府十分注重与省级部门的对口联系,市级部门就统筹城乡综合配套改革中涉及的一系列政策问题及时同省级对口部门进行汇报、沟通、对接,得到省级有关部门的理解和支持,形成上下合力推进的良好氛围。

第四,重点突破,"十改联动"推进。嘉兴市在统筹城乡综合配套改革试点的进程中,采取以"两分两换"改革为核心的"十改联动"策略,确保改革的重点突破和全面推进。这一策略的实施不仅关注特定领域的改革,而且着眼于整体进程的协调与发展。"两分两换"改革被视为整个城乡综合配套改革的核心。这一改革的目标是实现更加节约和集约的土地使用,同时保障农民的安居乐业,确保他们的利益在改革过程中不受损害。为了达到这一目标,嘉兴市在相关领域进行先行先试,力求在试点地区取得明显成效,为后续更广泛的推广积累经验。在"两分两换"试点的同时,"十改联动"中的其他改革也在稳步推进。这些改革覆盖经济、社会、环境保护、城乡规划、文化教育等多个方面。例如,经济改革可能包括产业升级和经济结构的优化,社会改革可能涉及医疗卫生、教育和社会保障体系的完善,而环境保护则着重于可持续发展和生态文明建设。这些改革相互补充,共同推动城乡一体化的全面发展。嘉兴市的"十改联动"策略确保城乡综合配套改革的全面性和有效性。通过重点突破和协调推进,这一策略有助于实现城乡协调发展的长远目标,为城乡居民创造更加美好的生活环境和更加充裕的发展机遇。

2.2.10 嘉兴市统筹城乡综合配套改革的基本做法

第一,"两分两换"改革是我国农村土地制度改革的重要举措。所谓"两分两换"，就是将宅基地与承包地分开，搬迁与土地流转分开，以宅基地置换城镇房产，以土地承包经营权置换社会保障。这一改革旨在优化农村居住布局，节约集约利用土地资源，促进农业规模经营，推进城镇化，以及改善农村生产生活条件和生态环境质量。通过"两分两换"改革，农村居住布局将从自然松散、混乱的状态转变为科学规划布局。这样的转变有助于提高农村地区的管理水平，使农村居民能够享受到更加宜居的生活环境。同时，这也将有利于土地资源的节约和集约利用，提高土地的利用效率。改革还将推动农业规模经营，土地承包经营权置换社会保障后，农民可以将土地集中流转，实现农业规模化、产业化经营。这将有助于提高农业产值，增加农民收入，为我国农业现代化奠定基础。改革还将加快推进城镇化进程，通过宅基地置换城镇房产，农民可以有序地向城镇转移，实现城乡一体化发展。这将有利于缓解城乡二元结构问题，提高城市化质量，促进经济社会的可持续发展。改革还将改善农村生产生活条件和生态环境质量，一方面，农村居民搬迁至城镇后，可以享受到更好的基础设施和公共服务；另一方面，节约出的土地资源可以用于生态环境建设，提高农村地区的生态效益。

目前，嘉兴市已确定将 9 个乡镇（街道）作为全市"两分两换"试点单位，部分试点镇已在 2008 年实质性启动。各级政府及相关部门要高度重视，加强组织领导，确保试点工作的顺利进行。同时，要广泛动员农民群众参与改革，充分尊重农民意愿，确保改革成果惠及广大农民。通过"两分两换"改革的深入推进，为我国农村发展注入新的活力，助力全面建设社会主义现代化国家。

第二，统筹城乡就业改革稳步推进。首先，嘉兴市出台《关于进一步做好促进城乡平等就业工作的实施意见》，这一政策文件明确促进城乡平等就业的总体目标和具体措施。该政策的实施有助于缩小城乡在就业机会上的差距，为所有居民提供更加公平的就业环境。其次，基于开展充分就业社区工作的经验，嘉兴市进一步制定并出台《嘉兴市开展充分就业村工作的实施方案》。该方案的目的在于通过在村级单位实施充分就业措施，为农村居民创造更多的就业机会。市本级率先开展充分就业村试点，这一尝试已经取得显著成效，全市 197 个村参与此项工作。再次，为了进一步促进就业，嘉兴市还制定并实施《嘉兴市创业促就业培训服务工作实施意见》。通过这一政策，市政府不仅提供创业培训，还鼓励和支持创业活动，以创业带动更多的就业。最后，嘉兴市在关注普通群众就业的同时，也完善困难群众的就业援助制度，建立城镇零就业家庭的"出现一户解决一户"的动态管理机制，确保这一弱势群体能够得到及时有效的就业支持。

第三，社会保障制度改革逐步深入。嘉兴市深入开展调查研究，有针对性地完善相关政策规定,制定实施《关于全面落实统筹城乡社会保险制度的若干意见》《城乡居民社会养老保险调整养老待遇方案》等政策,对打破城乡间在社会保险制度上的障碍、实现城乡社会保险的全面统筹和关怀特殊群体有重要作用。实施合作医疗实时结报制度,人均筹资水平、年门诊结报率、住院结报率等均位居浙江省前列,极大程度地方便基层群众就医报销,提高医疗服务的效率和质量。

第四,户籍管理制度改革全面展开。嘉兴市印发《关于改革户籍管理制度进一步推进城乡一体化的若干意见(试行)》《全市公安机关户籍管理制度改革实施方案》,新型户籍管理制度从 2008 年 10 月 1 日起实施,实行城乡统一的户口登记制度和户口迁移制度,全市城乡居民户口统一登记为"居民户口",并逐步改革附加在户籍制度之上的相关社会经济政策。

第五,居住证制度改革稳步推进。自 2008 年起,我国嘉兴市各县(市、区)均设立新居民事务局,专责新居民的日常事务和服务,以确保他们得到有效援助和支持。此举使得嘉兴市在新居民服务管理方面实现制度化。此外,嘉兴市积极推行新居民居住证制度,确保新居民在就业、教育、医疗等领域享有与本地居民平等的权益。嘉兴市还发布《关于进一步做好新居民子女接受义务教育工作的若干意见》,全面实施新居民子女九年义务教育,近 10 万新居民子女在该市接受义务教育。为改善新居民居住条件,嘉兴市采取多渠道策略。政府积极尝试设立按揭担保基金,加大对新居民购房的扶持力度,鼓励他们购房安居。这些措施不仅提升新居民的居住质量,还有助于他们更好地融入当地社区。

第六,农业相关工作管理体制改革有序推进。嘉兴市设立市级农业工作委员会,并发布《关于组建嘉兴市农村合作经济组织联合会的实施意见》,成为全省首个在全市范围内组建农村合作经济组织联合会的城市。规范化建设的农民专业合作社,在优化农村生产要素配置、提高农民组织化程度、推动农业产业化经营以及促进农民持续增收等方面发挥关键作用。

第七,新型城镇化建设管理体制改革全面推行。出台《嘉兴市新市镇扩大部分管理权限的实施意见》,遵循"权限下放、超收分成、规费全留、干部强化"的原则,全面执行以"完善功能、突出特色、人口集聚、产业做强"为主要内容的扩权强镇工作。24 项县级权限下放至镇级,镇级财政收入在 2007 年基础上新增部分的 70%以上留存镇级,相关规费参照县城标准收取和留用。2008 年,首批10 个乡镇主要领导获副县级配置。

第八,农村金融体制改革持续推进。在政策制定方面,嘉兴市颁布《嘉兴市深化金融改革的若干意见》和《加快嘉兴地方金融体系建设的意见》两项政策文件。这些文件不仅明确金融改革的总体方向和目标,还详细阐述具体的措施和步骤,确保改革有序高效地展开。在金融机构建设方面,嘉兴市成功注册三家小额贷款公司,有力推动农村金融服务的发展,为农村小微企业及个体经营者提供更为充足的金融支持。在金融风险担保机制探索上,通过成立农信和诚信两大担保公司,有效增加农业及农村中小企业获得贷款的机会。这一举措在很大程度上缓解农村地区长期的"贷款难"问题。在农户授信住房抵押贷款业务方面,嘉兴市实施此项贷款政策,为农户提供更多资金来源,助力他们改善生产条件、提高生活质量,同时为农村经济发展注入新活力。

第九,我国公共服务均等化体制改革逐步完善。已印发相关政策意见,如加快农村义务教育及社区教育发展、加快学前教育改革与发展等,旨在加快推进城乡教育均衡优质公平发展。此外,排污权交易制度不断完善,目前各县(市、区)均已建立排污权交易分中心,开展化学需氧量(COD)和二氧化硫(SO_2)的排污权交易,已完成 1.19 亿元的交易额,并推出排污权抵押贷款项目,以提高企业节能减排积极性。

第十,嘉兴市的规划管理体制改革正在有序进行。为了适应区域统筹和城乡统筹的发展需求,嘉兴市成立嘉兴市市域规划委员会。该委员会致力于探索一种市域统一规划、分级实施的"统分结合"的规划管理体制,以实现城乡一体化的发展目标。在完善城乡覆盖的规划体系方面,嘉兴市已取得显著成果。通过不断优化和调整规划布局,控制性详细规划已基本实现对城市建成区的全覆盖。这意味着城市建设和发展的蓝图已经详细规划到每个角落,为今后的城市建设提供明确的指导。

2.3　重构效应:城乡协调发展

嘉兴市此阶段的规划强调"城乡一体"和"全域统筹"的重要性,这两大原则是其 2010 年以前的空间规划体系的基石。首先,"城乡一体"原则旨在消除传统城乡之间的界限,通过一系列综合措施,实现城乡在经济、文化、社会服务等方面的均衡发展。这不仅包括提升乡村公共服务水平,还包括促进城乡经济和文化的交流与融合。其次,"全域统筹"则强调对嘉兴市整体空间的全面规划,包括城市、乡镇和农村地区,确保每个区域都能在大局下发挥其特色和优势,形成互补和协调发展的局面。这样的规划体系在嘉兴市得到了有效实施,理顺了城镇与乡村间的纵向关系,深入探索了城镇和村庄在空间布局、功能分工以及要素配置方面的协调性,以此优化城市、镇区和村庄各自的功能角色、公共服务布局,并在环境美化方面取得显著成效。通过这些措施,嘉兴市不仅增强了城乡之间的联系和互动,还在整个市域范围内实现了更加均衡和可持续的发展。

2.3.1 城乡经济发展

嘉兴市实施的城乡一体化战略显著缩小了城乡居民之间的收入差距。2000 年,城乡居民的收入差距为 2.04,而到了 2010 年,这一数字下降至 1.73。这个变化不仅标志着城乡之间经济差异问题得到有效缓解,更重要的是,它反映出乡村居民收入水平的显著提升。

在农村发展方面,嘉兴市的乡村经济发展策略以创新和可持续为核心,政府推动的一系列措施显著提升了农业竞争力和农民收入。首先,市政府将乡村地区转变为城市不可或缺的功能区,推动农业和农村现代化,这不仅增强了传统农业的盈利能力,还提升了整个区域的经济活力。这一转型通过提高农业生产效率和产品质量,增加了农民的直接收入。此外,嘉兴市重点发展生态农业和生态旅游业,建设如观赏农业游览区等外围景区,利用外环河及其周边宽度至少 150 米的绿带区域,通过调整农业结构和综合开发,创建苗圃、花圃、纪念林地以及休闲观光农业项目。这些措施不仅提升了环境质量,还为乡村居民提供了以旅游和观光为主的多元化收入来源。最后,嘉兴市着力保留和发展国家级和省级农业园区,特别是嘉兴国家农业科技园区。该园区位于七星东部,以现代化农业示范园区为基础,包括农业高科技示范园、农业对外招商区、农业高新技术孵化园和绿色农产品产业园等多个功能区,总面积达 1.5 万亩(1 亩≈666.7 平方米)。七星地区借助湘家荡旅游度假区和国家农业科技园区的优势,正转型为市区内的旅游服务组团,进一步推动了乡村旅游业和服务业的发展,为乡村居民提供了更加广泛的经济机会和更高的生活质量。通过这些多角度的发展策略,嘉兴市有效促进了城乡一体化,实现了乡村经济的繁荣与农民收入的稳步提高。

在城市职能分工方面,嘉兴市"一心五次十点"的精细化分工不仅强化了中心城区的辐射带动作用,同时也提升了周边城镇的自主发展能力。其中,中心城区与滨海新城构成了市域发展的核心("一心")。中心城区作为市域极化发展的地区,不仅代表了嘉兴市的形象和品位,更是吸引国内外制造业资本的新高地。而滨海新城则被视作中心城市不可或缺的一部分,其中海盐县的大桥新区、嘉兴港区、九龙山旅游度假区等组团式城市的建设,为嘉兴市带来了高水平的信息化服务和优越的产业发展条件。利用港口和跨海大桥建设带来的巨大

物流和商务流,滨海新城已发展成市域最大的物流基地,成为上海港口辅城和
对外交通的重要节点。而城市功能分工的"五次"即嘉兴市域的次中心,这些次
中心包括海宁市、桐乡市、平湖市、嘉善县和海盐县,均围绕自身的特色产业进
行发展。至于"十点",则是嘉兴市域内各片区中心,它们提供基本的居住和服
务功能,适当吸纳部分工业,以支持区域经济的均衡发展。

在基础设施建设方面,嘉兴市采取了创新性的举措,大大缩小了城乡之
间的发展差距。一是政府突破行政区划的限制,推动了资源、市场、空间、基
础设施的共建共享。例如,在规划滨海新城时,特别强调了其与中心城区的
紧密联系,通过建设城际轨道交通和高等级公路等快速交通系统,实现了基
础设施的相互连通和优势互补,从而为乡村地区的经济活力和居民收入增长
提供了坚实的基础。二是嘉兴市在建设基础设施生态廊道方面取得了显著
成效,这些廊道不仅是市域重要基础设施的通道,同时也承担生态廊道的角
色,提供了城镇建设的生态保护和环境保障。这些廊道分布在城市与工业区
之间、城镇密集区之间、组群城市之间,以及具有旅游生态意义的河道沿岸,
形成了市域范围内网状的生态基础设施网络。三是利用其独特的地理位置,
优化了港口基础设施。顺应环杭州湾经济开发战略,市政府加快了港口基础
设施建设和码头结构的调整,发展了集装箱码头,并构建了配套完善、功能全
面、结构合理的现代化港口。这一系列的措施使嘉兴市成为浙北地区的物流
中心,进一步提高了乡村地区的物流效率,降低了农产品的运输成本,吸引了
更多的外部投资,为当地居民提供了更多的就业机会。四是高度重视信息基
础设施的建设,加快了信息城市的建设步伐,建立了区域一体化的高效、安
全、可靠的公共通信平台,成为全省先进的数字化区域。这些信息基础设施
的改善为乡村居民提供了更便捷的信息获取、新技能学习和商业机会拓展的
途径,进一步推动了乡村经济的发展。

2.3.2　社会服务进步

嘉兴市在社会服务方面的成就标志着城乡一体化建设的显著进步。在
供水服务方面,嘉兴市实现了100%的全覆盖,意味着无论是城市还是乡村居
民,都能享受到稳定的水资源供应。短期内,供水策略依赖于就地取水方案,
通过对地面水的预处理和深度处理工艺,保证供水水质符合国家饮用水标
准。为了满足长期的用水需求,嘉兴市域供水体系采用了省市联建和市县合
建的模式。新安江水库作为主要水源,为嘉兴市提供每日155万吨的水量。
由于这一供水量仍不能完全满足市域的需求,嘉兴市将境外引水与就地取水

相结合,以确保充足的供水。长期计划中,嘉兴市实行分质供水,使得优质的新安江水库水资源成为区域饮用水的主要来源,而本地水源则满足其他用水需求。为了进一步加强供水系统,嘉兴市近期内建设了从区域水厂至主要乡镇的供水管道,并计划在未来进一步完善区域供水管网,实现全面的区域供水覆盖。这项措施保证了城乡居民均能获得稳定可靠的水资源供应,极大提高了居民的生活质量。

此外,学校、卫生站、文化中心等公共服务设施同样实现了100%的覆盖率,极大地提高了乡村居民的生活质量和文化生活水平。特别是在学校资源建设方面,嘉兴市确保小学和初中学校在居住区内实现了就地平衡,优化了教育资源分配。市内的嘉兴南湖国际实验学校、嘉兴市秀洲现代实验学校、嘉兴市二十一世纪外国语学校和嘉兴南湖学院等提供全市服务,不参与片区间的教育资源平衡。这种教育资源的优化配置确保了教育的均衡性和优质性,充分体现了城乡一体化建设的深入实践。

2.3.3 城镇建设优化

嘉兴市在城镇建设方面的成就不仅在国内外受到了广泛关注,其美丽城镇的创建更成为全国的标杆。嘉兴市将美丽乡村的概念与景区村庄建设紧密结合,推动乡村振兴战略实施,实现了工业、农业及服务业的协调发展。这种多产业融合的发展模式,不仅促进了乡村经济的繁荣,也显著改善了乡村的环境质量,提高了居民的生活水平,为嘉兴市的快速城镇化提供了强有力的支持。

在市区空间规划中,嘉兴市严格遵循城乡一体化的核心战略,如建设用地与非建设用地的选择,快速交通系统通道的预留,以及打破行政壁垒以准备充分的产业发展空间。同时,市政府着力营造大面积的生态基质,如城市森林和湿地,推动农村地区与非农村地区的有机融合。这种规划策略促进了核心城市的合理疏散与外围地区的集中发展,同时确保了基础设施和社会服务设施的均衡建立。

在空间管制方面,嘉兴市限制了建设区域的规模,尤其是在村庄、农业生产用地和一些将要被撤并的乡镇与工业园区,如湘家荡与七星等旅游城镇。这种管制旨在推动有限度的开发,防止大规模无序建设,同时集中布置农村居民点和农业园区,以保护和优化生态环境。

公共交通方面,嘉兴市对公交线路进行了精心规划,目标是实现城乡公交一体化。通过重新布设线网,市区公交线路覆盖了城镇空间,打破了城市公交与乡村客运二元分割的局面,实现了更为高效和便捷的城乡连接。中心城区至各城镇、中心村的公交线路被划分成 5 个方向,共 25 条线路,极大增强了城乡之间的可达性,为居民提供了便利的出行选项。

此外,城中村的改造也是嘉兴市的一大举措。改造市区中环路内的城中村,不仅优化了城市的内部结构,还增加了可开发的土地面积,为城市的进一步发展提供了空间。这些改造计划涉及的总用地约 32 公顷,其中约 28 公顷可用于开发,这将为促进市区的现代化,提升城市环境的整洁度和居住水平发挥重要作用。

3 治理能力现代化背景下的"多规合一"（2010—2018 年）

2012 年 9 月 7 日，中共中央政治局常委、国务院副总理李克强在省部级领导干部推进新型城镇化研讨班座谈会的讲话中要求："在市县层面探索经济社会发展规划、城乡规划、土地规划'三规合一'"，在全国范围首次提出"三规合一"的工作要求。

2013 年 11 月，十八届三中全会通过《中共中央关于全面深化改革若干重大问题的决定》，提出"加快生态文明制度建设""建立空间规划体系，划定生产、生活、生态空间开发管制界限，落实用途管制""划定生态保护红线，坚定不移实施主体功能区制度，建立国土空间开发保护制度"相关内容，再次要求建立生产、生活、生态开发边界清晰的空间规划体系，明确提出划定生态保护红线。

2013 年中央城镇化工作会议上，习近平同志发表重要讲话，提出"守住耕地红线，划定生态红线，切实保护耕地、园地、菜地等农业空间，切实提高城镇建设用地集约化程度""要一张蓝图干到底，尽快把每个城市特别是特大城市开发边界划定""探索建立统一的空间规划体系，推进规划体制改革，加快规划立法工作。城市规划要由扩张性规划逐步转向限定城市边界、优化空间结构的规划"等城镇化工作任务，将划定城市生态红线、形成一张蓝图、建立空间规划体系、限定城市发展边界等工作提到国家政策高度，为"三规合一"工作的开展指明方向。

2014 年 3 月，《国家新型城镇化规划（2014—2020 年）》发布，提出"适应新型城镇化发展要求，提高城市规划科学性，加强空间开发管制，健全规划管理体制机制""推动有条件地区的经济社会发展总体规划、城市规划、土地利用规划等'多规合一'"相关内容，明确由"三规合一"向"多规合一"的发展趋势。嘉兴市作为国家新型城镇化试点城市，在统筹城乡发展的道路上已历经三轮的探索实践，进一步明确和优化城乡一体化、城乡户籍制度统一、城乡公交一体化，以及现代新市镇社区、城乡一体新社区、保留的传统自然村落布点规划。嘉兴市统筹城乡发展已进入以农民集居建房、节约建房、优质建房为抓手的新阶段。

2014 年 8 月底，为贯彻落实党的十八大和十八届三中全会精神，把中央经济工作会议和中央城镇化工作会议确定的目标任务落到实处，按照中共中央办公厅、国务院办公厅有关工作部署，国家发展和改革委员会、国土资源部（现为自然资源部)、环境保护部(现为生态环境部)、住房和城乡建设部四部委联合发文,明确 28 个"多规合一"试点城市。2014 年 9 月,嘉兴市成立"多规合一"领导小组,组织一办四组完成全市"多规合一"。

2014 年 9 月,按照中共中央办公厅、国务院办公厅有关工作部署,国家发展和改革委员会、国土资源部(现为自然资源部)、环境保护部(现为生态环境部)、住房和城乡建设部联合开展市县"多规合一"试点工作,形成一个市县一本规划、一张蓝图,嘉兴市作为四部委同时试点的城市,明确合理确定规划期限、合理确定规划目标、合理确定规划任务、构建市县空间规划衔接协调机制等重点任务。

在此背景下,嘉兴市制定工作大纲,通过"总—分—总—分—总"的工作方法,明确"多规合一"的工作内容、责任分工和时间进度(图 3-1)。

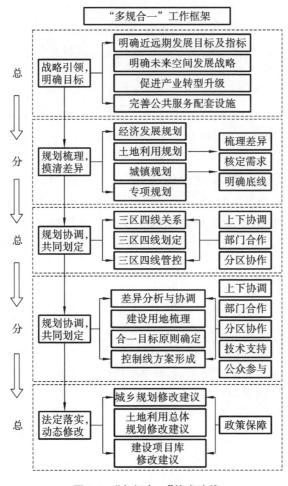

图 3-1 "多规合一"技术路线

3.1 关键问题：多规并行、缺乏衔接

3.1.1 多规并行、差异显著

在"多规合一"试点下，规划种类繁多、操作缺乏衔接、管理效率低下等制约着规划引导与管控作用。在规划体系上，多规并存且相互独立，存在诸多差异。

（1）"城乡规划一张图"与"土地利用总体规划"的差异。

基于用各地分类标准对接，在建设用地空间布局方面的差异，嘉兴市域"两规"差异将"城乡规划一张图"与"土地利用总体规划"进行差异对照，叠加分析。

①两规无差异用地。

两规建设用地一致区域面积（即城规、土规均为建设用地与城规、土规均为非建设用地）为81074公顷，占市域总面积的85.21%。

②土规建设用地，城规非建设用地。

"土规建设用地，城规非建设用地"图斑共计58980个、面积为13996.2公顷，占市域总用地面积的3.42%，主要分布在各城镇的发展边缘区、独立工矿用地内、水系道路、水工建筑用地以及部分村庄内等。其差异产生的主要原因为新一轮土地利用总体规划还未上报，处于调整阶段，以及规划理念不同。

③城规建设用地，土规非建设用地。

"城规建设用地，土规非建设用地"图斑共计147834个、面积为45840.81公顷，占市域总用地面积的11.37%，主要分布在各城镇的发展边缘区、外围独立工矿区域、规划道路内、河流水系以及村庄布点内。其差异产生的主要原因为城乡规划面向2020年，且考虑到用地弹性问题，规划控制的建设范围较大，以及用地布局的理念不同。

（2）"国土"与"环保"差异。

将"土地利用总体规划"与"自然生态红线"进行对照，生态红线区内禁止进行一切建设项目（水源地水厂除外）。将"土地利用总体规划"与"自然生态红线"进行差异对照，叠加分析得到自然生态红线区内建设用地面积为2075.97公顷，主要为风景名胜区、饮用水源保护地、其他自然红线区内城镇建设用地以

及散落在红线区内的农村居民点用地。

(3)"环保"与"城规"差异。

将"城乡规划一张图"与"自然生态红线"进行对照,生态红线区内禁止进行一切建设项目(水源地水厂除外)。将"城乡规划一张图"与"自然生态红线"进行差异对照,叠加分析得到自然生态红线区内建设用地面积为 3659.21 公顷,主要为风景名胜区、饮用水源保护地、其他自然红线区内城镇建设用地以及散落在红线区内的农村居民点用地。

3.1.2 衔接困难、问题显著

我国的发展性规划与空间性规划涉及多个领域,如土地利用规划、城乡规划、主体功能区划等。这些规划各自有其法律依据、时间期限、编制目标、工作体系以及编制要求。然而,由于规划目标、规划体系以及编制审批职责边界的不统一,各类规划之间无法实现有效的横向协调①。在实际操作过程中,各类规划的技术标准差异进一步引发空间利用的冲突。例如,不同规划在范围、坐标、比例尺、基础数据等方面的"语言"存在差异,用地分类、空间分类和工作平台等标准也不尽相同。这些差异导致规划"打架"的现象频繁出现。结合当前规划体系、国家要求和嘉兴市的实际情况,总体存在四个方面的问题。

3.1.2.1 现有规划体系无法实现"纵向"统筹与"横向"协调

按照省委、省政府"将嘉兴全市当成一个城市来谋划"的要求,嘉兴市委、市政府提出构建"现代化网络型田园城市"及"建设江南水乡典范城市"的战略目标。围绕这一目标要求,嘉兴市积极探索编制能够统筹全域的空间规划(如市域总体规划),并在本次"多规合一"工作中明确以市域总体规划为"母本蓝图",但以此规划推进纵向全域统筹,也存在一些困难与问题。

一是全域统筹的规划法定依据不足。规划成果的法定化是合理利用土地、协调城市空间布局、保证城市空间资源有效配置的前提和基础,经过法定程序批准的城市规划的实施,对保证城市各类经济社会活动的高效、有序、持续运行具有重要作用。嘉兴市作为全国率先编制市域总体规划的城市之一,在促进全市空间布局、功能分工上取得一定成效,但作为纵向统筹与横向协调的"一本规划",市域总体规划无论在内容上,还是在法定地位上,皆存在一

---

① 严金明,陈昊,夏方舟."多规合一"与空间规划:认知、导向与路径[J].中国土地科学,2017,31(1):21-27+87.

些不足,使其空间约束力不强,县(市、区)普遍按照自己的规划("省直管县"模式下,县市域总体规划由省政府批准后具有法定地位)进行城市空间布局,出现市域范围重复建设、跨行政区协调难等问题,难以实现高效的"纵向"统筹与"横向"协调。"多规合一"一本规划成果属于探索创新的内容,下一步若缺乏立法支持,则"一本规划、一张蓝图"的法理内涵和法律地位仍未得到保障,从而影响规划的稳定性与执行力,难以成为引领各类城乡规划的纲领性文件。

二是全域统筹的规划事权不足。目前,嘉兴市各县(市)域总体规划、土地利用总体规划、环境功能区规划由各县(市)政府组织编制,省政府直接审批,各县(市)经济和社会发展规划由各县(市)政府编制,县(市)人大审批,嘉兴市政府并无相应规划的审批权限,由于缺乏全市规划统筹的事权,也就无法做到"将全市当一个城市来规划"的这一宏伟目标,也容易造成各县(市)各自制定发展目标、确定发展方向、布局基础设施的情况,从而导致无序竞争。一方面,各县(市)对发展目标、发展定位的理解不同,而相应的国家级、省级层面平台建设缺乏用地空间统筹安排,容易造成产业平台众多,工业园区"低小散"等情况。另一方面,县(市)规划各自编制,容易缺乏对跨行政区边界空间布局的协调,特别是对全市范围重要生态功能区(如北部湿地保护区、洲泉湿地、饮用水源保护区等)和产业板块(如科技城、滨海新区、尖山—澉浦区块、濮院—洪合区块等)等的协调不够。此外,基础设施布局中也会出现一定的邻避困境以及重大市政公用设施共享不足等现象。

同时,规划体系上尚无法"横向"协调,做到部门"系统合一"。从现有空间规划体系来看,存在着规划编制内容庞杂、规划空间"打架"以及专业规划之间不协调等问题。

一是各类规划编制依据、内容、重点不一致。目前,法定的涉及空间的规划有80多种,且各有法律依据、时间期限、编制目标、工作体系以及编制要求,规划地位平行。这些规划编制过程中,相应单位分头开展,主管部门"条块"分割,彼此缺乏协调,管控逻辑矛盾,且规划内容存在空间交叉、实施分割、沟通不畅等"失衡"或"打架"现象,导致边界地带的管理真空或管理重叠。

二是各类规划目标期限不一致。依据法律规定,国民经济和社会发展规划是其他规划的依据,但十五以来其规划期限一般为5年,而城乡规划和土地利用总体规划一般在10年以上,期限不对应,容易产生"用5年的目标,10年的指标,指导20年的城乡规划空间布局"的问题(图3-2),蓝图难以衔接,项目、指标、空间难以落实。

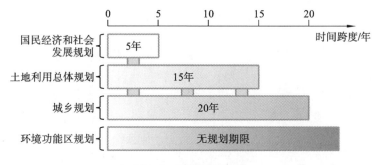

图 3-2　各类规划年限

3.1.2.2　现有规划体制机制尚不能保障多规改革顺利推进

在现有规划编制管理体系下,规划审批、规划管理与规划实施的主体边界还不清晰,审批权限与管理权限对应程度不高。

一是规划的编制、审批、监督与实施职责边界不清晰。国民经济和社会发展规划为同级人大批准,地方决定权较大,但其内容多注重对目标和指标的描述,与项目的安排和空间的联系相对粗略,无法达到规划落地的深度。各规划相互协调不够,从而出现与城乡规划和土地利用总体规划目标脱节的现象。城乡规划和土地利用总体规划以"上位审批"(嘉兴市区为国务院审批,县级市由省政府审批)为主,法定编制审查程序较长,有时刚审批结束,可以作为实施的依据,即已开始着手重新修编。

二是规划实施与行政审批效率不高。目前,嘉兴市重大项目选址、城市规划、土地规划的空间布局由各条线自行管理(表 3-1),项目落地的空间一致性需要部门间反复对接、多轮调整后才能确定,审批环节多,工作流程长,与现代化治理能力要求存在一定差距。

表 3-1　规划编制管理体系表

		国民经济和 社会发展规划	城乡规划	土地利用 总体规划	环境功能 区规划
管理	主管部门	发改部门	城乡规划部门	国土部门	环保部门
	规划类别	经济社会发展 综合规划	空间综合规划	空间综合规划	环境专项规划
	规划特性	综合性	综合性	综合性	专项性

		国民经济和社会发展规划	城乡规划	土地利用总体规划	环境功能区规划
编制	编制依据	上层次规划	国民经济和社会发展规划和上层次规划	国民经济和社会发展规划和上层次土地利用规划	国民经济和社会发展规划和上层次规划
	主要内容	发展目标和项目规模	功能结构、用地布局、建设时序安排	指标安排、用地布局、节约集约用地、用途管制制度	环境功能分区目标及管制措施
	编制方式	独立	独立	自上而下、统一	自上而下、统一
审批	审批机关	本级人大	国务院、上级政府	国务院、上级政府	上级政府
	审查重点	发展定位、战略、经济社会发展指标体系以及重大任务关键举措	性质、规模和建设布局	耕地平衡和用地指标	管制分区和负面清单
	法律地位	《中华人民共和国宪法》	《中华人民共和国城乡规划法》	《中华人民共和国土地管理法》	《中华人民共和国环境保护法》
实施	实施力度	指导性	约束性	约束性	约束性
	实施计划	年度政府工作报告	近期建设规划	年度用地指标	—
	规划年限	5年	10~20年	15年	无
监督	监督机构	本级人大	上级政府、本级人大	国务院、上级政府	上级政府
	实施评估	年度政府工作报告	规划修编	每年执行更新、一定阶段有中期评估	执法监察
	监测手段	统计数据	报告、检查	卫星、遥感	报告、检查

3.1.2.3 缺乏统一的规划"语言"与技术标准

目前,各类规划在范围、坐标、比例尺、基础数据等规划"语言"以及用地分类和工作平台等方面均不一致,主要表现在以下方面。

一是规划"语言"不一致。从规划范围看:国民经济和社会发展规划、环境功能区规划范围均为整个行政辖区(市域);土地利用总体规划范围为市域、市辖区、镇等五级体系;城乡规划的规划范围一般为市域、规划区和中心城区 3 个层次,主要落实规划区和中心城区的空间布局;此外,城乡规划和土地利用总体规划对中心城区的范围划分也存在差异。从使用的坐标、比例尺与规划基础底图看:土地利用总体规划采用的是西安 80 坐标系,城乡规划采用的是本地坐标系;土地利用总体规划以 1∶10000 比例尺地图为底图;城乡规划则根据不同类别采用对应的比例尺规格,内容更精细;国民经济和社会发展规划依据行政区划图,土地利用总体规划依据空间信息数据图,规划建设部门依据地形图。综合以上情况,由于基础数据不统一,相关数据整合存在困难,增加了多规一张图的实施难度。

二是用地分类不一致。一方面,土地利用总体规划用地分类根据《土地利用现状分类》(GB/T 21010—2007),而城乡规划根据《城市用地分类与规划建设用地标准》(GB 50137—2011),分为 8 个大类、35 个中类和 42 个小类。另一方面,城乡规划中城乡居民点建设用地包括城市建设用地、镇建设用地、乡建设用地、村建设用地和独立建设用地五大类,而土地利用总体规划的城乡建设用地则包括城镇用地、农村居民点用地、采矿用地、其他独立建设用地四大类,采矿用地和其他独立建设用地不纳入城乡规划中的"城乡居民点建设用地"。上述土地分类的差异导致同一用地具备不同内涵,相同区域统计会得出不同的地类面积,从而无法进行比较计算,直接影响"两规"在用地上的比较(图 3-3)。

三是工作平台不一致。从规划成果来看:国民经济和社会发展规划偏重宏观调控,成果体现为定性的文字描述和项目库,技术手段主要采用经济统计和社会调查;城乡规划和土地利用总体规划的核心成果是空间图纸,技术手段侧重于空间属性定量分析和图示表达。从表达工具来看:城乡规划注重空间布局,在图纸表达工具上主要依托 AutoCAD 等软件;土地利用总体规划主要确定土地利用指标,图纸表达工具主要基于 GIS 技术,环境功能区规划也主要基于 GIS 技术(图 3-4)。技术标准的不统一使得数据转换衔接存在困难。

3.1.2.4 缺乏城乡单元管控、信息平台共享等技术手段

一是农村管理薄弱,土地利用粗放。农村规划用地的科学划分、合理管控,

空间规划体系演进与实践探索——以嘉兴市为例

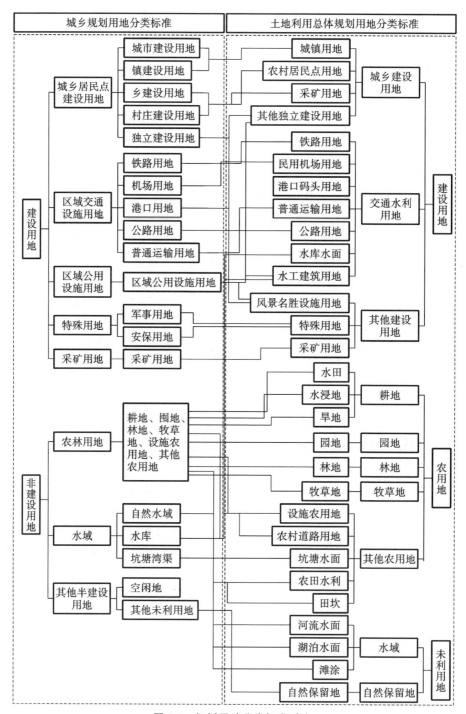

图 3-3 规划用地分类标准对比

	国民经济和 社会发展规划	环境功能区 规划	土地利用总体 规划	城乡规划
技术手段	经济统计和 社会调查	空间属性定量 分析和图示表达	空间属性定量 分析和图示表达	空间属性定量 分析和图示表达
图纸表达工具	—	GIS	GIS	以AutoCAD为主

图 3-4　不同规划的技术手段

有利于营造丰富多彩的农村郊野景观氛围,有利于节约盘活宝贵的土地资源。但由于当前城乡规划对农村地区缺少相应的规划指引,农村存在不同程度的粗放型用地行为,导致出现建设用地闲置、荒废以及布局零散等低效利用的现象,进而造成土地资源的浪费,影响农村经济社会的发展,制约城乡一体化进程,因此迫切需要借鉴城市规划管控的方式,对农村采用单元化的管理模式。

二是规划信息共享程度低,审批效率不高。当前各类规划由各自的行政主管部门负责,审批程序、审批时长、审批深度、批复时间等都不一致,一定程度上存在着审批效率不高的问题。影响审批效率的主要原因如下。

一是数据标准尚未平台化。"多规合一"统一数据底板标准建设,需要遵循相关的行业标准、数据标准、安全标准。但是嘉兴市的规划标准化处理水平还需要不断提高,要在数据的标准整合、建库存储、动态更新、交换接口等方面进一步改进完善。二是数据未能及时整理共享。做好"多规合一"统一数据底板的集中管理,对未来经济发展、规划建设、国土利用和环境保护具有重要作用。但是由于各类规划编制时间不一致等原因,还不能实现在规划编制调整过程中对现状数据进行快速集中管理,因此较为影响工作效率。

3.2　核心实践:"多规合一"与"体系重构"

推进"多规合一"改革,不仅是贯彻落实中央全面深化改革的决策部署和习近平同志重要讲话精神的必然要求,也是城市治理体系和治理能力现代化的重要体现,更是推进依法治市的客观需要,而"多规合一"改革的推进对于嘉兴市也有重要意义。

(1)实施"多规合一"是加快建设"两美"、打造江南水乡典范的有效抓手。

2014 年 7 月,中共嘉兴市委七届八次全会作出"加快建设'两美'、打造江南水乡典范"的决策部署,对推进新型城镇化的内涵进行深化完善,明确提出要坚持城乡统筹"一盘棋",要优化空间布局、加快美丽城市建设、深化美丽乡村建设。对照任务要求,只有加强"多规合一"工作,才能把强化全域统筹管控、推进重大基础设施和产业平台共建共享、促进开发建设与环境承载能力相互协调等理念落实到经济社会发展过程中,才能更好地落实现代化网络型田园城市发展目标,使建设"两美"、打造江南水乡典范取得更大的成效。

(2)实施"多规合一"是深化改革、突破发展要素制约的现实需求。

当前,嘉兴市经济社会发展的基本面总体向好,但面临的改革发展任务依旧十分繁重,突出表现在土地、资金、环境、能源等资源要素配置跟不上产业结构调整、创新转型升级的需求,城乡区域统筹、城市功能培育与更高层次、更高水平的城镇化发展要求相比,还存在一定差距。推进"多规合一",正是改革发展、协调发展的有效途径,有利于把城镇规划、产业规划、土地规划、环境规划等多张蓝图变为一张蓝图,有助于缓解"规出多门、各自为政、相互打架"的矛盾,以提高行政效能为着眼点,合理布局城镇空间,有效配置土地资源,促进各类要素资源的节约集约利用,进一步满足经济社会持续发展的需要。

(3)实施"多规合一"是加强法治建设、推动政府职能转变的重要举措。

党的十八届四中全会指出,要建设职能科学、权责法定、执法严明、公开公正、廉洁高效、守法诚信的法治政府。加强各类规划的统筹是优化城乡空间布局、保护生态自然环境、保障公共服务供给的重要依据,也是推进政府依法行政的重要手段。从规划管控来看,建设用地控制线、产业区块控制线、基本生态控制线、基本农田控制线等边界线一经共同研究、共同核准、共同确定后,任何一方不得随意变动,规划执行的刚性进一步增强;从行政效能来看,有利于统一发展目标、统一规划体系、统一规划蓝图、统一基础数据、统一技术标准、统一信息平台、统一管理机制,加快形成协调融合的技术规范,切实完善高效透明的审批流程。

(4)实施"多规合一"是实施新型城镇化战略的重要内容。

在2013年12月12—13日举行的中央城镇化工作会议上,习近平同志指出要建立统一的空间规划体系、限定城市发展边界、划定城市生态红线,"在县市通过探索经济社会发展、城乡、土地利用规划的'三规合一'或'多规合一',形成一个县市一本规划、一张蓝图,持之以恒加以落实"。《国家新型城镇化规划(2014—2020年)》提出:"加强城市规划与经济社会发展、主体功能区建设、国土资源利用、生态环境保护、基础设施建设等规划的相互衔接。推动有条件地区的经济社会发展总体规划、城市规划、土地利用规划等'多规合一'"。面对经济持续、协调、转型发展的新形势、新要求、新常态,立足嘉兴市城市经济发展的现实基础推进"多规合一",有效地推进空间规划从扩张型向限定城市边界、优化空间结构转变,有利于探索空间规划改革的方式方法,有利于实现一个市县一本规划、一张蓝图,把一张蓝图干到底,进一步强化规划空间实施管控能力,从而实现人、城市、自然和谐统一的新型城镇化战略。

3.2.1 战略目标引领

在实施"多规合一"的过程中,嘉兴市注重生态保护与制度建设,以实现城乡可持续发展。在规划体系方面,通过整合各类规划、实施和管理三大环节,消除空间规划间的矛盾与冲突,提升政府治理体系和治理能力的现代化水平。此举有助于确保各类规划在实施过程中协调一致,避免规划冲突导致资源浪费和效率低下。

在规划模式方面,嘉兴市实现了从"以经济发展为核心"向"注重发展质量"的转变。在兼顾城镇化水平、质量和生态保护的基础上,改变以经济规模增长为主导的指标体系,构建包括转型提升、资源节约、生态保护、空间优化和民生设施在内的五维评估体系。这一体系有助于确保规划实施的一致性,促进经济社会的可持续发展。

在规划内容方面,嘉兴市致力于优化三生空间布局。依据"园在城中、城在园中、城田相融"的现代化网络型田园城市理念,构建自然生态、农业生态和城镇空间结构。重点将生态空间的点状保护转变为"连点成线、拉线成网"的结构性保护,提高生态空间的连通性和完整性,为生态文明建设提供有力支撑。

此外,在推进"多规合一"的过程中,嘉兴市还注重制度建设。通过完善相关政策法规,强化规划实施的监督和问责机制,确保规划落地生根。同时,加强规划实施过程中的信息公开和民众参与,提高规划的透明度和公信力,为可持续发展目标的实现提供有力保障。

因此,嘉兴市在此次"多规合一"的实践中,将规划焦点从城乡经济的统筹发展转向生态保护、制度建设等多维度,为我国其他城市提供了有益借鉴。通过优化规划体系、转变规划模式和强化制度建设,嘉兴市成功实现城乡可持续发展,为打造美丽中国、实现全面建设社会主义现代化国家目标奠定坚实基础。

3.2.1.1 明确城市功能定位

根据十八大提出的"两个一百年"目标、十八届三中全会作出的《中共中央关于全面深化改革若干重大问题的决定》和习近平同志提出的实现中国梦的重要要求,提出嘉兴市"两个一百年"发展目标,形成远期发展战略导向及近期发展目标和指标体系。总体定位为现代化网络型田园城市,功能定位为全面接轨上海的示范引领区、高层次科技人才创新乐园、高科技成果转化重要基地、江南水乡典范城市,为将嘉兴市建成现代化网络型田园城市奠定坚实基础。根据嘉兴市的城市特质及发展趋势,城市总体定位为"现代化网络型田园城市",其中包含三大内涵。

一是现代化的城市功能。完善城市配套服务设施,提升设施服务能级,构建多层次、全方位的城市服务体系,实现城市服务功能现代化;通过构建高端的经济结构,大力发展具有核心竞争力的优势产业,促进产业高端化、产业链延伸和功能完善,促进现代生产性服务业与先进制造业的融合发展,构建城市现代产业体系;提高城市管理的精细化、法治化、信息化、智能化水平,明确市、区、镇(街道)在城市网格化中的管理职责,实现城市管理现代化;重视硬环境建设,构建可持续的城市支撑体系和多层次、全方位的城市民生体系,实现城市基础设施现代化。

二是网络型的城市结构。通过城镇体系网络化,将处于嘉兴市城市网络内部的各节点作为一个功能区进行建设,强调节点之间的内在联系和分工合作。通过城市功能网络化,在市域范围内进行功能统筹,强化"中心城市—副中心城市"的关系,将核心区作为产业服务中心,考虑各城市功能区的产业特色及本地服务,错位发展,最终形成网络型结构。通过基础设施网络化,以促进城市网络化,提高城市的协调性、共享性为目的,统筹市域交通、信息、水利、能源等基础设施,提高基础设施利用效率。

三是田园式的城市形态。城乡统筹发展,塑造"园在城中,城在田中,城田相融"的田园形态。通过对水系、湿地、林地、农田等重要生态要素、生态功能区的保护,构建起"基质-廊道-斑块"的区域理想绿色系统,保护好嘉兴市具备的田园城市基础与环境。强化对城市增长边界的控制,禁止城市建设对生态基底的侵蚀。

3.2.1.2 完善城市发展目标

嘉兴市计划到规划中期实现经济发展转型、城乡统筹发展、空间结构优化、生态环境改善、资源集约节约再上新台阶,转型发展取得实质性成效,全面建成小康社会。到规划末期实现综合实力大幅提升,经济发展方式根本转变,生态环境更加优美,城市功能更加完善,社会环境更加和谐,基本建成现代化网络型田园城市,基本实现现代化,从五个方面达到中等发达国家发展水平(表3-2)。

表 3-2 规划指标

类别	指 标 名 称	单 位	2020	2030	备 注
经济转型	地区生产总值增长率	%	7.0	5.0	
	人均生产总值	万元	8.1	10.5	常住人口
	第三产业增加值占 GDP 比重	%	50	—	
	高新技术产业增加值占规模以上工业比重	%	—	—	
	研究与试验发展经费支出占 GDP 比重	%	3.2	—	
城乡统筹	常住人口	万人	620	700	
	城市化率	%	65	73	常住人口
	城镇居民人均可支配收入	元	70000	125000	
	农村居民人均可支配收入	元	42000	79000	
	城乡建设用地规模	平方千米	1005	1206	
空间优化	城镇建设用地规模（含工矿）	平方千米	675	750	
	国土开发强度	%	28	32	
	存量土地供应占比	%	30	35	
	村庄减量规模比例	%	36	—	
	新增建设用地数量	平方千米	199.73		
生态保护	空气质量达到二级标准的天数比例	%	80		
	地表水Ⅲ类、Ⅳ类水质比例之和	%	50		
	森林覆盖率	%	—		
	主要污染物排放（其中：化学需氧量、二氧化硫、氨氮和氮氧化物）	万吨	完成省下达指标	—	
	单位生产总值二氧化碳排放下降率	%	完成省下达指标		
	耕地保有量	平方千米	2047.8	—	—
	永久基本农田保护面积	平方千米	810.5	1810.5	
	生态红线区	平方千米	101.90	101.90	

类别	指 标 名 称	单 位	2020	2030	备 注
资源节约	人均城镇建设用地	平方米	130	115	常住人口
	万元二、三产业增加值用地量	平方米	25.7	—	
	万元GDP综合能耗	吨标煤	0.52	—	
	单位工业增加值用水量	立方米/万元	25.6	—	

注:(1)人均城镇建设用地包含独立工矿。(2)2030年城乡建设用地规模按照2020年规模有20%增长。

一是经济转型。确保新常态下经济平稳持续增长,创新驱动发展更加凸显,调整优化产业结构取得明显突破,"三、二、一"产业结构基本确立,经济总量、经济结构、经济竞争力等再上新台阶。

二是城乡统筹。新型城镇化有序推进,城乡一体化体制机制更加健全,"县域经济"向"都市区经济"转型逐步形成,城市化水平进一步提高。城乡区域基础设施、信息基础设施更加完善。城乡居民收入更趋均衡,城乡要素配置更趋合理,城乡产业发展更趋融合,统筹城乡发展继续走在前列。

三是空间优化。按照以功能区聚合为主体,以网络化发展为导向,将全市作为"一个城市"科学谋划空间开发格局,优化布局城镇、农业、生态三类空间。空间结构优化对城镇、产业、农业发展的引导力不断提升。

四是生态保护。持之以恒推进"五水共治""五气共治"等工作,使土地资源、水资源、能源等总量消耗得到有效控制;主要污染物排放、二氧化碳减排强度达到国家要求;在上游来水合格的前提下市控以上断面以三类水为主体;$PM_{2.5}$为50微克/立方米以下;饮用水水源地水质达标率为60%以上;空气优良率达到75%,基本不出现重污染天气。自然生态系统更具魅力,生态文明建设取得明显突破。

五是资源节约。大力推进资源节约集约利用,坚持开源与节流并重,把节约放在首位,努力破解转型发展要求下的资源要素粗放式开发利用问题,以资源要素的可持续利用促进经济社会可持续发展。资源节约集约利用体制机制进一步完善。

3.2.1.3　立足五大发展战略

1. 接轨沪杭战略

(1)凸显三带行动。

从未来长三角发展趋势来看,未来嘉兴市的发展重点在沪杭轴线,通过凸显"申嘉湖、沪杭廊道、沿湾廊道"三带，构建嘉兴市未来转型升级的空间载体，未来嘉兴市发展的现代物流、服务外包、教育科研、先进制造等产业体系将重点布局在三条发展带上。北部生态旅游发展带依托申嘉湖轴线，通过北部众多的自然湖泊与湿地资源等较好的生态基地、特色的古镇旅游构建，彰显嘉兴市现代田园生活、生态休闲、人文旅游的生态休闲旅游功能，融入环太湖旅游发展带和长江经济带，打造嘉兴市生态屏障；中部城市服务发展带依托G320轴线串联中心城市和桐乡、嘉善、海宁和平湖四大城区，未来通过行政区划调整和基础设施延伸，扩大嘉兴市核心区范围，结合中心城区有机更新提升城市核心区服务功能；南部重型产业发展带全力推进滨海新区开发，加强与其他城市临港工业的分工协作，提升沿海重化工、港口物流等产业水平，推动海洋经济成为嘉兴市新经济增长点。

（2）强化三临行动。

强化三临行动主要指重点加强临沪、临杭板块的对接。其中，临杭板块注重一体化的服务对接，重点在海宁—杭州—桐乡，借助杭州都市经济圈建设机遇，承接杭州产业转移，保持本地民营经济的特色优势，积极发展生产性服务业，努力向设计研发、品牌营销、现代物流等价值链高端延伸，培育嘉兴市西部商圈，利用杭州科技、人才资源，探索联合建立科研基地和成果转化基地。临沪板块充分利用上海自贸试验区产业外溢优势，积极承接上海的功能溢出，包括先进制造业、物流、商贸等现代服务业，坚持外资主导的策略，创造良好的创业创新环境，大力吸引跨国公司发展外向型经济。与上海保持紧密联系，尤其在人才引进、招商引资、金融服务等方面加强合作，争取让嘉兴市成为上海自贸试验区配套区、先进制造业转移基地、旅游度假首选基地和都市农业配送基地。临苏协调地区注重北部旅游湿地的生态协调，靠近嘉兴—吴江。

（3）职能对接行动。

在长三角区域一体化深度推进的背景下，嘉兴市应积极融入区域，主动对接上海、杭州，联动苏州、宁波。发挥"8"字形枢纽的优势，从"中间城市"转变为"特色枢纽城市"。对接上海，从接轨上海的战略高度制定发展方向，合理选择与上海核心功能相配套的城市发展功能，围绕上海"四个中心"及具有全球影响力的科技创新中心建设，结合新一轮上海总体规划的发展重点，未来嘉兴市创新发展平台定位为"省校科技合作示范区、全面接轨上海示范区和引领区、高科技成果转化重要基地的核心区、高层次科技人才创业乐园的活力区"。加快推动上海自贸试验区嘉兴服务中心、嘉善项目协作区、长三角科技城（上海张江平湖科技园）等载体建设，重点完善特色资源配置、产业承接集聚、科技创新创业服务、休闲旅游宜居等功能。对接杭州，应加强一体化培育，并力促嘉兴港成为杭州的重要出海通道。联动苏州，强调产业合作和环太湖生态休闲区建设；联动宁波，强调产业合作和港口的联盟发展。在此基础上，分析区域发展趋势，结合嘉兴市自身优势，提出嘉兴市承担的主要功能包括科教创新、旅游休闲、市场物流、先进制造。

完善科教创新功能，关键就是形成产业与城市的互动发展，促进产学研结合，形成科研机构与民营企业的合作关系，打造适合企业成长的创业环境。吸引现代服务业和部分中高端战略性新兴产业特别是整个产业链转移，推动上海高端科技创新成果在嘉兴市孵化、中试和产业化。推进嘉兴市自主创新与产业转型升级的重要平台发展和引领示范区建设，有利于集聚创新资源，培育壮大战略性新兴产业，打造经济发展新引擎。完善旅游休闲功能，关键就是传承良好的城市生态格局，挖掘文化潜力，提升环境品质，建设田园水乡城市。完善市场物流功能，关键就是注重交通联运、错位发展、业态提升，发挥港口、航空、公路、铁路、内河等多种交通运输方式的优势，发展多式联运，形成便捷交通，依托综合性枢纽优势，发展物流商贸等功能，寻求错位发展，依托空港、高铁枢纽，发展商务航空、廉价航空、商贸功能等，提升业态。完善先进制造功能，就是以产业类型的转型升级、空间的产城融合，促进产学研协同发展，打造先进制造业基地。

（4）基础对接行动。

系统推进公共基础服务衔接共建，加快实施沪乍杭铁路、轻轨、油气管网、高等级公路、航道等交通基础建设，尤其是临杭地区的海宁、桐乡与杭州的轨道交通联系，临沪地区的嘉善、平湖与上海的轨道交通对接，实现无缝对接。深化嘉沪港口合作，提升嘉兴港口岸全域开放后水水中转和海河联运能力，推进滨海新区与洋山港保税港区的"飞地"保税物流深度合作，使嘉兴市成为上海洋山深水港重要喂给港。争取使嘉兴军民合用机场成为上海的辅助性机场。加强沪嘉两地直通放行的"大通关"建设，探索设立虚拟空港和无水港。

2. 创新驱动战略

（1）创新引领行动。

顺应全球新一轮科技革命和产业变革趋势，对接上海建设具有全球影响力的科技创新中心国家战略，以众多中小企业为创新创业主体，全面构建创新环境，完善科技创新体制机制，将人才资源作为第一资源，以人才优势赢得创新优势、竞争优势和发展优势。将发展新兴产业作为第一方略，以产业的制高点来培育和打造新的经济增长点，着力提高发展的全面性、协调性和可持续性，进而全面实现要素驱动向创新驱动的转变。

（2）体系创新行动。

在符合国家"一带一路""长江经济带"以及上海自贸试验区建设要求，国家和省战略性新兴产业发展导向的基础上，重点体现新常态下的产业转型升级要求，充分发挥嘉兴市已有优势，形成"4＋3＋5"的现代绿色产业体系，具体内容如下。

①全力做强四个主导型产业。一是信息产业，重点发展通信电子、集成电路、物联网、云计算、软件和信息服务、电子商务等领域。二是高端装备，包括汽车及零部件、智能装备、精密机械、节能环保装备。三是临港产业。积极发挥乍浦、独山港、海盐 3 个省级经济开发区的平台优势，大力发展绿色石化、海洋工程装备、核电关联产业等临港先进制造业。四是时尚产业，着力提升时尚产业设计创新能力，提升时尚产业智慧制造水平，构建以设计、营销为核心，以制造制作为基础，以自主品牌为标志的时尚产业体系。

②积极做大三个成长型产业。一是新能源产业。发展方向为太阳能光伏、太阳能光热、新型 LED 光源产品、新能源应用示范等。二是新材料产业。以特种纤维材料、电子信息材料为发展重点，大力推进科技含量高、市场前景广、带动作用强的新材料产业化规模化发展。三是健康产业，以生物医药、健康食品、养老养生服务为重点，打造一批特色鲜明、配套完善的生命健康产业基地，将嘉兴市打造成长三角一流的健康服务基地。

③提升发展五个现代服务业。一是科技服务。按照浙江省科技创新体系副中心建设的要求，重点发展科技研发与创业创新服务、检验检测、设计服务、教育培训。二是金融商务。发挥"省级金融创新示范区"的试点优势，重点支持金融服务、商务中介、总部经济等领域发展，走特色化、专业化发展道路，加快高端业态集聚。三是商贸物流。大力发展现代物流、现代商贸，打造以综合物流园区、商贸综合体、特色商业街区和专业市场为主体的商贸物流体系，将嘉兴市建设成国内重要的区域商贸物流中心。四是旅游产业。整合南湖、湘家荡、九龙山、南北湖、乌镇、盐官等一批重点旅游景区，突出培育革命圣地红色游、古城古镇古村文化游、江南水乡生态游、休闲度假游、特色购物游等品牌，加强大旅

游产业服务体系建设,把嘉兴市建设成国内一流的旅游目的地,长三角商、旅、文、"乐活"为一体的新兴旅游集聚地。五是互联网经济发展战略。进一步抓住新一轮科技革命和产业变革机遇,以乌镇确立为世界互联网大会永久会议举办地为契机,进一步优化互联网发展环境,优先发展信息产业,加快建设智慧城市,扩大信息消费,不断提高互联网经济发展水平和综合实力,努力将嘉兴市建设成信息经济大市。

(3)重大平台建设行动。

主动适应经济发展新常态,积极把握区域发展新机遇,以产业提质增效升级、空间集聚集约集群、科技创新驱动发展为目标,立足产业基础、区位优势、资源条件、环境承载能力,着力推进集聚区、开发区(园区)、工业功能区整合、联动、优化、提高,集中力量培育发展信息经济、先进装备、新能源等千亿级产业集群,努力打造一批综合实力强、产业层次高、产出效益优的高质量发展战略平台,构建"一心三区"(嘉兴市中心城市、临沪发展区、融杭发展区、滨海发展区)总体布局架构,包含"17+3+8"个大产业发展战略平台(17个制造业发展平台,3个服务业发展平台,8个旅游业发展平台),带动嘉兴市新型工业化、信息化、新型城市化和农业现代化,为嘉兴市实现现代化提供有力支撑、奠定坚实基础。

3. 市域统筹战略

(1)产城融合行动。

产城融合行动就是通过对现有产业平台进行配套完善、设施建设、软环境提升等,实现坚持以人为本,以新型城镇化为导向,以提升居民生活品质为目的,通过经济社会互动、完善城市服务,促进产业与城市目标的统一。

围绕完善配套设施实现产城融合。完善基础设施建设是改善环境的基础,要推进城市综合交通设施网络化建设,打造相互协调、互联互通的交通基础设施网络,形成中心城区到各大产业平台的快速通道和快速公交体系,完善平台内部交通建设,尤其是断头路的打通、公交站点的设定要结合地块功能定位进行,实现交通通畅。完善公用设施布局,统筹各平台的供水、排污、燃气、环卫等各类公用设施的共建共享机制,发挥规模效应,促进高效运行。

围绕提升服务设施实现产城融合。完善的服务设施是实现幸福城市的抓手,考虑到就业人员和居住人员的需求差异,按照"缺什么、补什么"的原则,对配套设施也进行分类指引,不仅要重视以居住人口为对象的生活服务设施如商业、娱乐、文化等功能的建设,还要注重以就业人员为服务重点的生产服务设施,如商务办公、会议会展、信息咨询、金融法律等功能的建设。

围绕加强生态软环境实现产城融合。生态优美、服务完备的工作环境就是未来推动经济的助推器,一是秉承"环境就是资源、环境就是资本、环境就是生产力"的理念,增强绿化开敞空间、公共交流空间的建设,加强生态软环境的建设。二是要增加产业服务项目,全方位地为入区项目提供管理服务、信息咨询的一站式服务,完善相关优惠政策,特别是土地、税收、人才引进等政策。三是舒适和谐的创新氛围是实现产城融合的内在推力,继续发挥浙江清华长三角研究院、浙江中科应用技术研究院等科研创新力量,促进产学研结合,形成科研机构与民营企业的合作关系,打造适合企业成长的创业环境。

（2）分区聚合行动。

全市强调弱化行政区、强化功能区,顺应市域板块化发展趋势,根据分区功能板块特色,以融沪集群区、联杭联动区、滨江滨海提升区三大功能区聚合引导城乡布局、产业布局、设施布局,推动差异分工、一体发展,实现行政区经济向功能区经济转型。其中,融沪集群区包括嘉兴市区、嘉善县域、平湖中心城区及北部区域,推进中心城区相向集聚发展,强化沪嘉边界地区以及重要交通枢纽的融沪战略空间开发,依托邻接上海的区位优势,积极承接上海的功能外溢,坚持外资导向策略,创造良好的创业创新环境,将嘉兴市建设成外向经济的高地。联杭联动区包括桐乡市域、海宁中心城区及市域中西部区域,强化海宁、桐乡临杭边界地区以及嘉杭重要交通轴沿线地区空间开发,在保持本地民营经济特色的基础上,积极发展生产性服务业,努力向设计研发、品牌营销、现代物流等价值链高端延伸,在公共服务、交通、基础设施等方面积极融入杭州都市区的发展。滨江滨海提升区包括平湖市域南部、海盐中心城区、南北湖风景区以及海宁尖山新区,突出港城互动、产城融合,重点强化杭州湾北岸港口航运、临港产业、滨海旅游等资源和功能空间的优化整合。

（3）三项集中行动。

按照"各项要素资源向中心城区与重点平台的集中、招商引资导向向重点产业类型的集中、建设用地指标向重大项目的集中"的要求对现有"低小散"工业园区进行整合,形成重大发展平台,集聚资源。其中,各项要素资源向中心城区与重大产业平台的集中就是土地资源、资金资源重点向中心城区集中,加快新型城镇化进程。招商引资导向向重点产业类型的集中,主要是按照产业发展规划、未来产业发展重点的产业类型进行招商引资。建设用地指标向重大项目的集中就是要优先保障民生设施建设、基础设施建设及重大项目的建设用地。

（4）城乡统筹行动。

城乡统筹行动重点在于各级城镇和新农村建设及城乡一体现代化基础设施网络建设。

一要统筹推进各级城镇和新农村建设。以中心城市、副中心城市为框架支点，按照周边各镇的发展基础、资源禀赋、人口集聚度、产业特征以及城市辐射带动能力，合理布局中心城市、副中心城市、小城市和特色镇的功能，实现个性化、互补式发展。中心城市与周边区域之间为服务和制造的纵向分工，副中心城市、小城市、特色城镇之间为主导产业各具特色的横向分工。中心城市，要强化在枢纽集散、公共服务、商务经济、科技创新等方面的跨区域服务水平，大力发展高技术产业、现代服务业和总部经济，进一步提升中心城市产业层级和发展能级，确立其在区域产业链中的首位度。副中心城市，突出生产制造功能、农业转移人口集聚功能以及接沪融杭产业主平台功能，构建起相对完善的区域性基础配套功能，通过立体交通网络实现与中心城市快速衔接、资源承接转移和互建共享。合理优化小城市试点布局，大力推进市政环保、科教文卫体和商贸综合等基础设施建设，以及相应的行政执法、土地储备、公共资源交易、行政审批服务等公共服务平台建设，赋予县级政府基本相同的经济社会管理权限，着力提高基础设施的网络化水平和综合承载力。重点培育特色镇，注重传承和发扬市镇地域特色与文化传统，基于本地成熟产业提升带动和整合发展，形成主导产业鲜明、人文气息浓厚、生态环境优美的特色镇。大力推进新农村建设，按照发展中心村、保护特色村、整治空心村的方向，科学引导农村居民点建设，加强历史文化村落传承和保护，建成一批富有时代特征和江南水乡特色的城乡一体新社区。

二要加快构建城乡一体现代化基础设施网络。强化市域基础设施、公共服务设施建设的统筹布局和同步对接，构建完善网络化、高等级立体式交通体系，推动资源配套下沉延伸。提高综合集成和便捷换乘能力，实现主城与周边大城市主要机场、港口的快速、大容量、多方式连接，着力提升中心城市交通枢纽地位。统筹市域内交通合理布局，加快形成市域内城际快速路、市域主干公路、城际轨道交通相衔接、快速换乘的综合交通体系。统筹完善城乡市政设施，按照新型城镇建设要求统筹规划建设供水、供电、供热、油气、垃圾和污水处理等城市基础设施，完善地上、地下空间综合开发利用，建立完善统一开发、集中建设、利益分担和区域共享机制。

4. 美丽江南战略

（1）生态保护行动。

按照优化国土空间功能格局、构建生态安全格局、推动经济绿色转型、改善人居环境的基本要求，在重要生态功能区、生态敏感区和脆弱区、重要生态服务功能区等划定生态功能红线，明确主导生态功能，制定生态保护措施，切实加强保护与监管，为改善区域生态环境质量，提升生态文明建设水平奠定坚实的生态基础。依托嘉兴市现存生态要素，构建"一区、一带、十环、三十八廊、十六节点"的网络状自然生态安全格局。积极开展生态修复，保护石臼漾湿地公园、南郊贯泾港湿地公园，支持秀洲、嘉善北部大面积水域建设人工恢复性生态湿地。大力开展平原绿化造林，深入推进沿海防护林、农田防护林、生态公益林建设和滨海山地保护。着力推进城市绿道、绿地、园林建设，加快形成"三环四连八放射"市区绿道系统。完善自然资源资产产权制度，探索编制嘉兴市自然资源资产负债表。

（2）节约集约行动。

节约集约用地是破解当前嘉兴市新型城镇化、新型工业化步伐加快，保障发展、保护资源"两难"局面的有效手段，是实现嘉兴市可持续发展、经济转型发展和土地节约集约利用双赢的必然路径。通过"控总量""盘存量""提效率""优结构"等路径，实现城镇低效用地规模大幅度减少，建设用地效益显著提高，城乡建设用地结构不断优化；在建设用地外延快速扩展趋势得到有效抑制的同时，保障建设用地流量，提升对嘉兴市城镇化推进过程中客观用地需求的保障能力。按照市域规划完善网络型大城市建设，满足空间发展集中化、产业发展集群化和城市经营集团化的 3C 都市发展战略的城镇用地空间布局要求，建设用地指标优先保证主城、副城建设用地的供应，尤其是保证主城建设用地的供应，提高中心城市地位，改变目前"弱市强县"的发展格局，增强区域发展的整体性和凝聚力。

（3）水乡文化行动。

全面开展水环境治理。嘉兴市因水而建，城市肌理也与水系紧密结合，在社会快速发展的情况下注重保持水乡特色的城市肌理，加快城市绿化、绿道建设，提高滨水空间的可达性，把握水乡文化核心，营造充满活力的滨水空间。考虑江南水乡特色，突出水网特色，坚定不移地开展"五水共治"，把"五水共治"作为倒逼经济转型升级的战略举措，全面开展水环境治理。

构建水乡特色格局。在空间组织中展现嘉兴市城市风貌，强化嘉兴市

"水—绿—城—文"景观特色,重点做好水空间历史特色延续和滨水空间景观序列的组织。结合城市有机更新,更加明确各个区域特点,将城市空间做精做特;新城区建设要结合城市品位形象再造,更加注重延续城市空间布局,将新城做强做亮;周边新市镇建设要结合"两新"要求,更加注重镇村保护,将新市镇做优做美。

传承多元文化特质。以城市特色文化产业的发展,推进非物质文化遗产的"活态"传承,挖掘饮食、节庆、服饰、建筑、习俗等内涵。要统一思想,明确认识,把文化产业作为嘉兴市新兴支柱产业来抓。加快推进文化与经济的融合,在工作中更多地注入城市文化内涵,提高物质产品的文化档次,结合嘉兴市经济社会发展实际和文化特色制定整体发展规划,提升嘉兴市的综合竞争力。

5. 滨海发展战略

(1)海河联运行动。

抢抓浙江海洋经济发展示范区建设和嘉兴港口岸全域开放的有利时机,以嘉兴海洋经济发展示范区、滨海港产城统筹发展试验区建设为着力点,统筹海陆联动发展。大力实施海陆规划布局统筹、港口腹地联动发展、海陆产业互动发展、海陆运输体系完善与海陆生态文明建设"五大工程",最大限度地利用岸线、港口、滩涂与海域一体化综合开发,加快形成海陆资源互补、产业互动、空间互联和环保互促的海陆统筹发展新格局。做大做强上海国际航运中心南翼重要港口,充分运用海河联运的独特优势和嘉兴港的区位优势,深入推进嘉兴港与宁波—舟山港、上海港一体化运作实践区建设,积极探索浙北港口联盟。努力建成全国海河联运示范区,积极打造"21世纪海上丝绸之路"的重要港口城市和长三角重要的临港产业基地,推动嘉兴市从"运河时代"走向"海洋时代",着力打造嘉兴市经济发展蓝色新引擎。

(2)港城融合战略。

突出港城互动、产城融合、物流共建。抓住沿海大发展的机遇,大力发展临港制造业。一方面积极引导市区重化工产业向临海地区转移,另一方面临港地区积极发展化工新材料、重型装备制造等产业,提升嘉兴市产业的能级。大力推进滨海新城建设,促进嘉兴市域第六大副城综合性功能提升。滨海新城与市区共建区域物流枢纽,市区偏生活性物流,港区偏生产性物流,通过公路、航道联通,共建长三角区域性物流枢纽。

3.2.2 统一技术标准

3.2.2.1 统一数据库的技术标准

1. 总体要求

根据"多规合一"工作要求,重点针对国民经济和社会发展规划、城乡规划、土地利用总体规划和环境功能区规划进行整合梳理,统一数据来源、数据标准及底图母本,按照矢量化要求纳入统一的"多规合一"系统平台。

2. 数据构成

"多规合一"的数据主要包括国民经济和社会发展规划、城乡规划、土地利用总体规划和环境功能区规划。

(1)国民经济和社会发展规划。

国民经济和社会发展规划主要包括发展定位、发展战略、主要指标体系构成及相应目标值设定,重点产业发展平台布局,重大项目、重大政策、重大工程安排等内容。"多规合一"应对相关内容进行梳理,尤其是对重大产业平台和建设项目的空间落地、落图提出需求。

(2)城乡规划。

城乡规划原则上应采用经法定批准的控制性详细规划(外围乡镇无控规区域可采用经法定批准的城镇总体规划)和村庄布点规划(城乡单元规划)形成的规划拼合图,未经批准的控制性详细规划(或城镇总体规划)和村庄规划可作为协调参考范围,但不宜纳入规划拼合图,如需纳入规划拼合图应加以说明和标注。

(3)土地利用总体规划。

应采用经浙江省政府批复的区(县)级土地利用总体规划,内容包括基本农田、永久基本农田的范围和规模,2020年和2030年的建设用地规模。

(4)环境功能区规划。

环境功能区规划主要是根据区域生态系统敏感性和生态系统服务功能重要性空间分异规律,结合区域经济社会发展状况,在与相关规划衔接的基础上,划定自然生态红线区、生态功能保障区、农产品环境保障区、人居环境保障区、环境优化准入区、环境重点准入区,划定生态保护红线。

3. 建库标准

"多规合一"工作成果数据由核心数据和辅助资料构成,具体内容见表3-3。其中,核心数据为本次"多规合一""一张图"工作成果必备数据。

表 3-3　"多规合一"数据库图层构成

名　　　称	主　要　内　容	要素特征	文件格式
基础数据			
土地规划土地用途分区图层	土地用途分区	Polygon	FGDB
土地规划建设用地管制分区图层	建设用地管制分区	Polygon	FGDB
土地规划用途图层	规划用途	Polygon	FGDB
城乡空间布局规划图层	城乡空间布局规划	Polygon	FGDB
建设项目布局图层	建设项目范围（建设排序）	Polygon	FGDB
图斑差异比对数据			
城乡规划和土地利用总体规划差异图层	建设用地差异图斑范围	Polygon	FGDB
成果数据			
核心数据 "多规合一"用地图层	建设用地、有条件建设区、生态绿地、基本农田等	Polygon	FGDB
"多规合一"用地控制线图层	建设用地增长边界控制线、基本农田控制线、基本生态控制线和产业平台控制线	Polygon	FGDB
土地利用总体规划规模调出图层	土地利用总体规划调出图斑	Polygon	FGDB
土地利用总体规划规模调入图层	土地利用总体规划调入图斑	Polygon	FGDB
城乡空间布局规划覆盖变化图层	城乡空间布局规划调整范围图斑	Polygon	FGDB
城乡建设用地增长边界图层	规划确定的可进行城乡规划建设的范围	Polygon	FGDB
建设用地规模控制线图层	规划 2020 年、2030 年建设用地图斑	Polygon	FGDB
基本生态控制线图层	规划需控制的生态保护用地，包括自然生态红线、水系绿廊及其他重要的生态用地	Polygon	FGDB

名　称		主 要 内 容	要素特征	文件格式
核心数据	永久基本农田控制线图层	基本农田保护范围	Polygon	FGDB
	产业平台控制线	包括工业园区、高新技术园区、物流园区、科技园区	Polygon	FGDB
	"十三五"重大项目	发改部门确定的"十三五"重大建设项目	Polygon	FGDB
基础资料	卫星影像图	卫星影像图	Raster	栅格数据
	地形图	地形图	Line	CAD
	行政界线	各级行政区	Polygon	FGDB
	土地利用变更调查数据（2013）	土地利用变更调查地类图斑	Polygon	FGDB
	地理国情普查	地理国情普查（规划部门）	Polygon	FGDB
主要规划资料	重大产业平台专题研究	重大产业平台控制范围	Polygon	CAD 或 FGDB
	生态环境功能区规划	自然生态红线区和生态功能保障区	Polygon	CAD 或 FGDB

3.2.2.2　统一用地分类的对照标准

1. 总体要求

本次"多规合一"重点以城乡规划及土地利用总体规划进行差异比对，对城乡规划及土地利用总体规划用地分类进行梳理，按照用地分类对照标准进行归类处理，分别纳入统一标准体系进行比对。

2. 分类依据

《城市用地分类与规划建设用地标准》(GB 50137—2011)；《土地利用现状分类》(GB/T 21010—2007)。

3. 对照标准

根据《城市用地分类与规划建设用地标准》(GB 50137—2011)，将城乡规划中的规划用地按建设用地与非建设用地进行分类整理。"多规合一"用地分类对照表见表 3-4。

根据《土地利用现状分类》(GB/T 21010—2007),将土地利用总体规划中的规划用地按建设用地与非建设用地进行分类整理。

对照表总体分建设用地和非建设用地,其中建设用地二级类按土地利用总体规划细分城乡建设用地、交通运输用地、其他建设用地三个二级类,并在此基础上根据实际按城乡规划细分到三级类;非建设用地按照土地利用总体规划细分。为后续差异比对做好基础数据口径统一。

表 3-4 "多规合一"用地分类对照表

一级类	二级类	三 级 类	细分代码	细 分 名 称
建设用地	城乡建设用地	城乡居民点建设用地(H1)	R1	一类居住用地
			R2	二类居住用地
			R3	三类居住用地
			A1	行政办公用地
			A2	文化设施用地
			A3	教育科研用地
			A4	体育用地
			A5	医疗卫生用地
			A6	社会福利用地
			A7	文物古迹用地
			A8	外事用地
			A9	宗教用地
			B1	商业用地
			B2	商务用地
			B3	娱乐康体用地
			B4	公用设施营业网点用地
			B9	其他服务设施用地
			M1	一类工业用地
			M2	二类工业用地
			M3	三类工业用地
			W	物流仓储用地
			S1	城市道路用地
			S2	城市轨道交通用地
			S3	交通枢纽用地

一级类	二级类	三 级 类	细分代码	细 分 名 称
建设用地	城乡建设用地	城乡居民点建设用地(H1)	S4	交通场站用地
			S9	其他交通设施用地
			U	公用设施用地
			G1	公园绿地
			G2	防护绿地
			G3	广场用地
			H14	村庄建设用地
	交通运输用地	区域交通设施用地(H2)	H21	铁路用地
			H22	公路用地
			H23	港口用地
			H24	机场用地
			H25	管道运输用地
	其他建设用地	区域公用设施用地	H3	区域性能源、水工、通信、广播电视、殡葬、环卫、排水用地
		特殊用地	H4	包括军事用地和安保用地
		采矿用地	H5	采矿用地
		其他建设用地	H9	包括边境口岸和风景名胜区、森林公园等的管理及服务设施用地
非建设用地	耕地	水田	—	—
		水浇地		
		旱地		
	园地			
	林地			
	牧草地			
	其他农用地	设施农用地		
		农村道路		
		坑塘水面		
		农田水利用地		
		田坎		

一级类	二级类	三 级 类	细分代码	细 分 名 称
非建设用地	水域	河流水面	—	—
		湖泊水面		
		滩涂		
	自然保留地			

3.2.2.3 统一城乡单元划定的技术标准

1. 总体要求

凸显嘉兴市城乡同步特色,通过"市域统筹、分区作业、单元管理"的方式划定城市与农村规划单元,不仅形成"全市一盘棋",还做到"城乡一盘棋",突出嘉兴市"多规合一"的城乡统筹特色。针对城镇建设区块外围划分城乡单元,合理确定其发展边界,明确内部用地布局及相关建设要求,实现"多规合一"全域覆盖。

2. 城乡单元技术标准

城乡单元划分以镇为划分单元,按照行政边界进行区分,涵盖村庄部分,从而实现城乡管控全覆盖。

(1)村庄居民点入库。

新市镇和城乡一体新社区,按照2020年建设范围入库;其他村庄按照保留传统村落的范围入库,有些被规划为美丽乡村点。

(2)集镇入库。

集镇的规划用地属于村庄建设用地(H14),用地分类按照二级层次进行划分。发展备用地不予入库。若集镇范围内有新市镇和城乡一体新社区,则不予单列。

(3)独立建设用地入库。

独立建设用地入库指位于城镇建设用地增长边界以外的独立建设用地。若土地性质为城市性质,则归入城市用地。其中,国道、省道、县道等(宽度大于6米)划入H22;若土地性质为集体性质,则归入村庄建设用地(H14)下的相应用地分类。

(4)非建设用地入库。

农村道路路面宽度不超过6.0米,或路基宽度不超过6.5米。农村道路改扩建后路面或路基宽度超过上限,以及只设单向车道的道路,不得认定为农村道路,应纳入建设用地管理范畴,按规定办理相关用地手续。

其他建设用地包括水系、耕地、农业园区等。其中，水系中主次干河道以及大型人工水体以规划线形和宽度为准，其余水系以国土规划图中的水系为准。水系若与其他用地相叠，则应扣除相应用地中的水系部分。

（5）专项规划入库。

基于各专业部门制定的行业规划中涉及城乡单元内的各类设施，本次城乡单元入库工作应进行相应的用地落位，并与城镇总规镇域相关部门进行比较，统一矛盾之处。城乡单元涉及相关规划一览表见表 3-5。

表 3-5　城乡单元涉及相关规划一览表

序号	专业部门	规划名称	涉及内容	备注
1	电力局	电力设施布局规划	变电所所址、范围，电厂范围	可落地
2	市政部门	给水专项规划	水厂范围饮用水源保护区	可落地
3	市政部门	污水专项规划	污水处理厂重要污水泵站	可落地
4	市政部门	燃气专项规划	分输站、调压站、储配站的范围	尚未落地
5	市政部门	环卫设施专项规划	公共厕所、垃圾中转站、垃圾处理厂（焚烧、填埋）范围	可落地
6	水利部门	水利设施专项规划	防洪闸、水库等范围	可落地
7	港航部门	内河航道专项规划	内河货运码头、堆场等范围	可落地
8	民政部门	殡葬设施专项规划	殡仪馆、墓地等	可落地
9	交通运输部门	公路交通专项规划	收费站、服务区	可落地

3.2.2.4　统一控制线的管控标准

1. 总体要求

通过底线控制，有效梳理城镇空间、农业空间及生态空间，明确城镇发展、农业生产以及生态保护的关系，明确相关控制线的划定，具体包括城镇增长边界控制线、独立建设用地控制线、基本生态控制线、基本农田控制线等，对城市发展的架构进行合理控制，为促进城市发展做出有效指引。

2. 控制线类型及要求

（1）控制体系。

在一定的时间内，与城乡建设规划、土地利用总体规划进行衔接的控制线类型，重点是面向规划实施，保障多规在土地利用布局中的一致性，通过具体定位、定桩、定线确保规模控制底线。

（2）控制线分类。

规划考虑城乡发展趋势和耕地保护要求,综合确定自然生态红线、永久基本农田保护示范区、城镇规模控制线以及产业平台控制线,形成控制全区域统一空间形态的"四线"(表 3-6)。

表 3-6 "多规合一"四线表

自然生态红线	永久基本农田保护示范区	城镇规模控制线	产业平台控制线
1. 在重要生态功能区、生态敏感区、脆弱区等区域划定的最小生态保护空间 2. 兼顾重要性、系统性、等级性、协调性、可控性 3. 生态红线区主要包括自然保护区、风景名胜区、森林公园、地质遗迹保护区、文化遗迹保护区、饮用水水源保护区、洪水调蓄区	1. 规模满足上级下达指标 2. 现状基本农田区域 3. 集中连片,稳定布局 4. 衔接部门的管制线(城镇空间增长边界)	1. 连续的城区、镇区及包围的村庄 2. 拟规划的规模空间分布 3. 城市远期远景可能的形态结构 4. 衔接部门的管制线 5. 山体、水体界线 6. 交通等廊道界线 7. 集中形态与独立形态相结合 8. 兼顾一定的县、镇、村等行政区划	根据国民经济和社会发展规划确定的工业园区、高新技术园区、物流园区、科技园区等,协调城乡规划产业布局,将"产业园区—连片城镇工业用地"用地集中区边界线作为产业用地区块控制线,用于推动重大项目集聚发展

3.2.2.5 统一的信息联动平台

"多规合一"工作开展及成果落实管控离不开信息化技术的支撑,信息联动平台既是"多规合一""一张图"协调、编制、管理和更新的辅助工具,也是"一张图"运行的载体,落实"底线控制"的重要技术手段,实现业务联动的枢纽与支撑。因此,信息联动平台建设是嘉兴市"多规合一"整体工作的重要内容之一,建设信息联动平台对"多规合一"工作而言具有十分重要的意义。

1. 信息平台建设总体目标

嘉兴市"多规合一"信息平台建设将突出"大市域视野""政府行政能力提升"两大重点。

"大市域视野"就是贯彻嘉兴市"多规合一"工作要求,遵循"一本规划、一张蓝图"核心理念,在市域层面建立"多规合一"规划管理信息互通联动的机制,国土、规划、发改、环保等多部门规划成果统一管理,在市域层面将国民经济和社会发展规划、城乡规划、土地利用总体规划、环境功能区规划统一到同一个空间视图上。通过规划叠加,显现各规划存在的矛盾,及时协调消除,实现四个规划全面融合。有效统筹城乡空间资源配置,优化城市空间功能布局,保障生态、耕地资源及节约集约用地,促进经济、社会、环境协调发展。

"政府行政能力提升"就是将"多规合一"信息平台融入政府行政审批平台,使行政审批平台清晰表达"多规合一"的内容要求。优化建设项目审批管理流程,建成多规信息在线服务体系,深度分析和全面融合,同时优化审批流程,支撑多政务部门的政务信息共享和业务协同审批,为新型城镇化战略提供高度协调、统一权威的空间规划"一张图",建立统一的信息共享和管理的"一个平台",建立建设项目统一受理和审批的"一张表",建立适应"多规合一"成果运用的"一个审批流程"的体制机制,改善整个城市投资环境,提高行政审批效率。

2. 信息平台建设内容

依托嘉兴市政务信息网,以嘉兴市地理信息共享平台为基础,充分利用"数字嘉兴"已有软硬件资源及成熟成果,基于统一的标准规范体系,对发改、规划、国土、环保各部门规划、审批业务等数据进行整合,形成"多规合一"数据支撑中心,并搭建"多规合一"信息联动平台,建设发改、规划、国土、环保四个业务应用子系统。

第一,围绕"多规合一"的指导思想,按照多规"信息能汇聚、冲突能融合、成果能共享、决策能分析"的具体工作要求,完善补充《嘉兴市"多规合一"成果相关技术和数据标准汇编》的内容,形成一套满足多规信息统一入库的标准体系,涵盖数据建库和动态更新的相关数据标准规范。

第二,"多规合一"项目是一项涉及面广、持续时间长、难度高的系统工程,需要广泛的参与和群体智慧,因此为保障项目的顺利推进和成果推广,项目建设过程需要建立相应管理机制以及多部门联动机制。

第三,"多规合一"的工作基础之一是数据基础,在多部门规划建库数据的基础上进行多规的冲突检测、编制、融合,形成"多规合一""一张图"。

第四,"多规合一"涉及多部门、多系统协调,需要一套符合 SOA 架构体系的基础平台支持,结合近期需求和长远发展,利用企业服务总线(ESB)及业务流程管理平台建设高可用、灵活扩展的先进 IT 架构。

第五,"多规合一"工作涉及数据管理、数据协同、数据应用等使用要求,面向多部门实际要求开发相关的数据库管理系统、规划编制系统、业务协同审批系统、综合服务系统及实施评估系统。

第六,配套建立相关的软硬件、网络等基础设施,为"多规合一"工作打下信息化基础。

总体而言,嘉兴市"多规合一"信息平台的建设是以多规相关的标准规范、安全体系和基础设施为保障,以多规空间信息平台和多规业务流程管理平台为技术支撑,以建立"多规合一"综合数据库为核心,涵盖多规管理、应用各个层面的多规应用体系建设(表 3-7)。

表 3-7 "多规合一"公共信息平台建设内容一览表

大类	小类	描述
核心应用平台	"多规合一"并联审批管理子系统	对市级层面项目生成到项目审批流程的全过程跟踪监控与管理,通过"多规合一"信息联动平台呈现项目生成阶段和审批阶段办理的业务流程
	"多规合一"规划审查系统	以"多规合一"动态更新数据库为支撑,为嘉兴市市域规划委员会提供空间类规划技术审查功能,确保各类规划在空间上没有矛盾冲突
	"多规合一"资源展示应用子系统	提供规划展示分析功能,以辅助政府相关部门对建设项目的会议讨论
	"多规合一"项目预判分析子系统	依托动态更新数据库,为建设项目的选址提供空间相容性检查,辅助相关部门把控建设项目的选址、审批、建设进度,提高工作效率
支撑系统	"多规合一"数据库支撑系统	提供对"多规合一"成果数据的检查、数据入库、专题展示、部门调用、制图输出等功能,并按保密要求,对成果数据的访问、使用权限进行严格控制与管理
	"多规合一"联动应用支撑子系统	主要为核心应用平台的正常运行以及与外部系统对接提供应用支撑及运维管理功能,为"多规合一"信息联动平台安全管理、服务管理、日常运行管理提供支持
平台接口	提供发改、规划、国土、环保业务系统数据接口	实现各局委办基础地理数据、规划数据、二三维数据、审批数据等接入公共信息平台
	对接政务中心行政审批系统	与政务中心的行政审批系统对接,成为政务行政审批子系统

3. 总体框架设计

"多规合一"信息平台在建设层次上按照自下而上可划分为三个层次。

第一个层次定位于多规成果汇聚融合与联动更新。该层次立足于解决多部门规划成果现有冲突,对多源数据进行统计汇总、集中展示、对比分析、矛盾检查,并在相关协作机制的保障下实现后续各项空间规划的融合与动态更新。

第二个层次定位于"多规合一"成果的共享利用和协同管控,辅助相关政务部门有效管控城市规划、建设的相关环节，以确保多规成果在城市建设中顺利落地。

第三个层次定位于多规工作开展的实际成效评价与规划实施效果评估。该层次主要用于跟踪多规工作的成效和实施效果，通过相关信息的统计汇总和城市空间规划的多方位评估分析，为下一轮各类城市空间规划的编制和研究提供动态反馈信息，以持续提升多规的科学性、合理性。

平台总体架构见图 3-5。

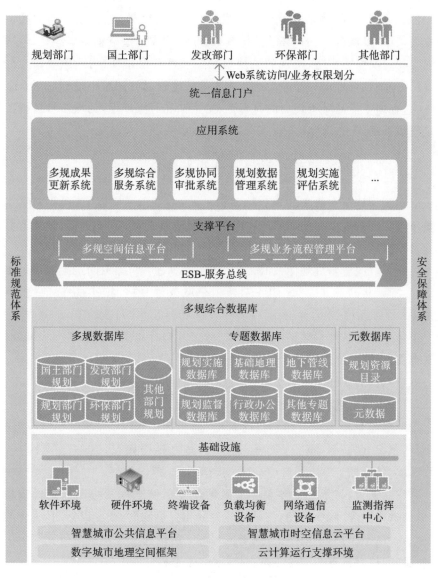

图 3-5 平台总体架构

3.2.3 体制改革保障

"多规合一"是一项关键的战略举措,其核心目标是确保我国现有各类规划的共同内容保持一致性,以解决各类规划之间相互孤立、缺乏衔接的问题。在嘉兴市,为应对这一关键问题,政府积极采取"多规合一"的策略,并紧密结合"可复制、可推广"的要求以及地方特色,制定了一套名为"163"的整体改革方案。嘉兴市"多规合一"的"163"整体改革方案,旨在通过一条明确路径、六项核心内容和三项保障措施,实现各类规划的一致性和协调性,为我国城市规划改革提供可复制、可推广的经验。这一方案的实施将对我国城市规划体系产生深远影响,有助于提高城市规划的科学性、实用性和可操作性,为城市可持续发展奠定坚实基础。

3.2.3.1 确定规划改革的一条基本路径

以重新构建层次清晰的规划体系为突破口,全市共同以"现代化网络型田园城市"及"江南水乡典范城市"为要求,做到战略引领、统一目标,做到市县联动、全域统筹。

以完善对应全新规划体系的规划内容为根本点,明确不同层次的规划重点和对应关系,共同遵守"三区四线",做到全域统筹、城乡共管、坚守底线、统一底图。

以制定适合新规划体系内的通用标准以及实时共享的信息平台为基础,做到平台支撑、统一标准。

以重构新的规划体系为契机,根据相应规划职责边界,简化行政审批流程,做到审批改革、高效治理。

以明确与新规划体系相一致的审批、监管体制为支撑,确保一级政府、一级事权,规划的编制、审批、实施、监管职责边界明确,做到政策支持、统一流程。

以建立完善、与新规划体系相一致的规划编制管理及协调职能机构为抓手,做到机构保障、统一机制,尝试创新差异化考核制度,改变以GDP为主的考核方式,将生态保护、耕地保护、规划执行与实施纳入考核体系。研究制定主要空间规划的执行督查和考核体系,尝试建立生态补偿制度。

"多规合一"改革路径见图3-6。

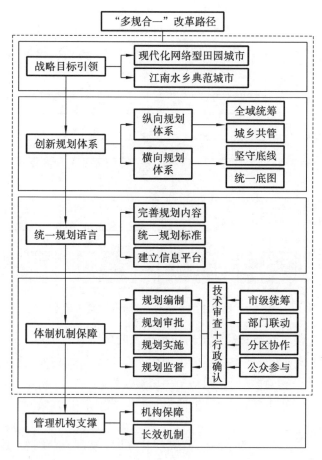

图 3-6 "多规合一"改革路径

3.2.3.2 实施规划改革的六项内容

1. 构建全市统一的"1＋4＋N"空间规划体系

其中,"1"为嘉兴市空间发展与保护总体规划,作为全市规划的总纲领,充分体现空间、发展、融合及保护,充分体现"国民经济和社会发展规划、城乡规划、土地利用总体规划、环境功能区规划"的核心要素,以用于指导所有空间规划的编制;"4"为嘉兴市国民经济和社会发展规划、嘉兴市城乡规划、嘉兴市土地利用总体规划与嘉兴市环境功能区规划;"N"为交通规划、产业规划、设施规划和村庄布点规划等各部门规划与专项规划。"4"的编制以"1"为上位规划与依据,"N"以"4"为上位规划与依据。同时,在以嘉兴市空间发展与保护总体规划统领全市空间规划的基础上,各县(市)也对应构建"1＋4＋

91

N"的模式,"1"即各县(市)域总体规划,以嘉兴市空间发展与保护总体规划为上位规划与依据,各县(市)"4"以县市"1"为上位规划与依据,并同时符合嘉兴市级"4"规划中所要求的各项内容。嘉兴市"1＋4＋N"空间规划体系示意见图3-7。

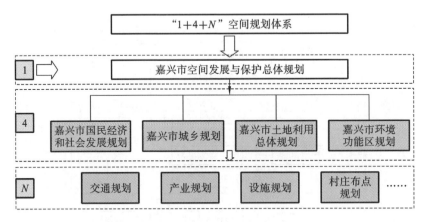

图3-7　嘉兴市"1＋4＋N"空间规划体系示意

2. 确定完善与改革路径和规划体系一致的规划编制内容

把嘉兴市空间发展与保护总体规划作为编制全市规划的上位规划,立足生态文明,紧紧围绕构建"现代化网络型田园城市"及打造"江南水乡典范城市"的战略目标与要求,重点突出目标、战略、定位、规模、结构、方向、跨行政区基础设施建设等重大问题,并通过"三区四线""重大产业发展平台""空间结构与用地布局"的划定,强化城镇、农业、生态的"三区"边界管理,强化耕地生态的"四线保护",限制城镇无序扩张蔓延,提升用地效率。嘉兴市空间发展与保护总体规划编制内容中,专门设定用以指导嘉兴市国民经济和社会发展规划、嘉兴市城乡规划、嘉兴市土地利用总体规划与嘉兴市环境功能区规划编制,以及各县(市)域总体规划编制的分区章节。嘉兴市空间发展与保护总体规划编制期限为20年。

嘉兴市国民经济和社会发展规划、嘉兴市城乡规划、嘉兴市土地利用总体规划与嘉兴市环境功能区规划,着眼于嘉兴市重大战略的落实,注重实施性,突出各自工作的侧重点,围绕"目标要全面、资源要统筹、布局要合理、机制要保障"的编制要求,分别重点细化落实五年计划的任务目标和重点项目、空间布局、土地指标、生态保护,编制期限为5年。

各部门规划与专项规划中涉及空间的部分,按照嘉兴市空间发展与保护总体规划以及嘉兴市国民经济和社会发展规划、嘉兴市城乡规划、嘉兴市土地利用总体规划与嘉兴市环境功能区规划进行编制,规划编制期限为5年。

各县(市)域总体规划在全市统一战略目标的基础上,依据嘉兴市空间发展与保护总体规划的规模、结构、方向以及重大基础设施安排等内容并结合各自发展条件进行编制,规划期限为 20 年。

各县(市)国民经济和社会发展规划、城乡规划、土地利用总体规划与环境功能区规划以县(市)域总体规划为依据进行编制,规划期限为 5 年。

各镇总体规划以县(市)域总体规划为依据编制,并以镇为单元编制乡村单元规划,落实村庄规模、布点、农房建设、农用地等规划内容,规划期限为 20 年。

3. 制定统一规划标准,构建统一规划"语言"

做好各类规划基础数据的衔接,明确"融合规划"的协同理念,正确处理城市空间拓展与土地资源利用、经济产业发展与生态环境保护等关系,以一套技术标准推动形成一张发展蓝图。主要做好以下内容。

一是统一基础数据。采用最新的社会经济数据、人口数据、土地利用现状等基础数据绘制"多规合一"规划图件,并统一市域、市区边界。主要包括:规划范围的统一,即以第二次全国土地利用调查的数据为基础,结合城市总体规划,协调统一嘉兴市域、市域范围;坐标系统、比例尺的统一,将各类规划数据纳入统一的信息平台,实现多种规划数据格式转化和规划差异分析的便捷化操作;空间及用地分类标准的统一,即在各自法律体系框架下,系统梳理城乡各类用地,按照各规划的约束性指标要求,统一空间管控,协调土地利用和空间管治要求,重点建设"土规"与"城规"两类用地分类标准之间相互统一衔接的对应关系,并为规划差异比对建立起比对标准。

二是统一入库标准。制定多规入库技术标准,重点对国民经济和社会发展规划、城乡规划、土地利用总体规划、环境功能区规划进行梳理整合,统一数据来源、数据标准及底图母本,按照矢量化要求纳入统一的 GIS"多规合一"系统平台。GIS"多规合一"系统平台基于地理信息空间共享平台进行建设,将以国民经济和社会发展规划、城乡规划、土地利用总体规划、环境功能区规划为主体的多规按照统一的技术准则,做到统一编制、统一使用、统一决策、统一调整,实现不同部门管理人员的有效协调、共同参与、共同实践、优势互补。

三是统一差异处理原则。遵循"生态优先、战略优先、期限统一、城乡统筹"四大差异处理原则,合理调整自然生态红线和永久基本农田保护示范区底线区域,以及关乎城市发展战略的重大平台空间的用地指标,确保环境保护与耕地保护的刚性管控、产业平台与城镇空间的集约发展。

统一规划标准示意见图 3-8。

4. 完善城乡单元划分,城乡统一使用单元化规划与管理

一是实施农村地区单元化规划与管理,提升农用地效率。划分农村单元,

主体功能区规划		土地利用总体规划	市域总体规划	环境功能区规划			"多规合一"规划（嘉兴市空间发展与保护总体规划）					
							空间类别名称		空间管制控制线			
优化开发区域	重点开发区域	允许建设区	已建设区	人居环境保障区	环境优化准入区	环境重点准入区	城镇空间		城镇增长边界控制线			
									城镇规模控制线			
		有条件建设区	适宜建设区							产业平台控制线		
限制开发区域		限制建设区	限制建设区	农产品环境保障区			农业空间	生态空间	永久基本农田控制线	永久基本农田保护示范区	基本生态控制线	自然生态红线
				生态功能保障区								
禁止开发区域		禁止建设区	禁止建设区	自然生态红线区								
							其他					

图 3-8　统一规划标准示意

实现农村规划的编制与管理单元化，促进融合发展。按照规划事权边界与行政范围相一致的原则，以镇为单位，划定城乡单元。明确城乡单元规划内容。城乡单元规划主要有总体规模与布点、总体布局、土地整治、建设用地增减等，挂钩专项规划、农用地规划。整合农业规划、水利规划、综合交通规划、电力系统规划、燃气系统规划、给水系统规划、污水系统规划等各类专项规划，进一步确定单元道路红线、绿化控制线、电力黄线、河道控制线等主要控制线，确定主要市政、交通设施，确定主要市政干管。

二是控制农村建设用地规模，与城市一并纳入控制线管控。按照"多规合一"的总体要求，以城镇土地利用总体规划为依据，充分衔接城镇总体规划，确定空间规模和选址布局，形成规划期末的镇域规划和土地利用总体方案。

三是围绕"保护耕地、综合整治、可持续发展"的原则，结合区域农业发展方向和当地农业经营模式，明确补充耕地面积、高标准基本农田面积等核心指标，对田、水、路、林、设施农用地分别提出整治要求。具体包括：高标准基本农田规划、农业布局规划、农田水利规划、田间道路系统规划、农田防护与生态环境保持规划、设施农用地规划。

5. 改革项目审批流程，提高规划服务与工作效率

一是改革行政审批流程，提高规划实施效率与政府效能。以服务需求为导向，充分发挥"多规合一"统筹功能，清除无效流程，优化辅助流程，简化前置性审批程序，研究制定项目受理的具体措施，推动部分审批事项调整为备案管理。建立全覆盖、并联式的行政审批改革流程，加快审批系统互联互通，实现各事各管向依法统筹的转变。

二是强化项目全流程改造。优化纵向"五个阶段"，横向"四条主线"，促进项目生成,加快项目落地。纵向"五个阶段"即在"多规合一"平台上从策划生成项目到项目竣工验收,按照审批事项的前后置关系及并联审批关系,分为用地规划许可阶段、可行性研究报告批复及工程规划许可阶段、施工图审查阶段、施工许可阶段、竣工验收及备案阶段五个阶段,每个阶段实行"统一收件、同时受理、并联审批、同步出件"运行模式。横向"四条主线"即在建设项目前期工作中,落实建设管理审批、投资控制审批、用地手续审批、申办人准备工作四条工作主线的同步推进、并行开展,减少多部门的各方利益牵制,呈现出相对独立又相互配合的工作态势。

三是制订年度联动实施计划,保障各类重大项目实施。将土地利用总体规划、城市总体规划和环境总体规划的实施要求纳入年度重大项目实施的指标体系,构建"多规合一"实施项目的绩效评价考核体系,实施评估、检讨和监控制度。重点加强对重大项目实施效果的评估反馈,发展改革部门重点明确该年度各重大建设项目的投资规模、责任主体、年度投资及资金来源、主要进度安排等;城乡规划部门重点列表明晰重大建设项目的年度规划许可和建筑工程许可安排;土地管理部门重点列表明晰重大建设项目"一书三方案"的编排时序,优先保障重大建设项目各项年度土地利用计划指标,特别是对共同安排的重大建设项目,实行三部门联动操作,确保年度计划层面的规划协调实施。

6. 建立完善与规划体系相适应的统一信息平台,实现信息互通互享

一是建立统一信息平台,所有规划编制进入信息化平台,对与蓝图不符的内容,实时发现,实时协调,实时决策。通过统一规划信息共享平台,统一基础数据、坐标年限、基础地理信息。基于地理信息空间共享平台,按照条块结合、以块为主的要求,搭建规划信息共享平台,建立健全多方位、全过程的共建共享、业务协同机制,为规划、发改、国土、环保、交通、农经以及教育等部门,提供地理空间及规划要素共享服务。"多规合一"信息平台架构见图3-9。

二是通过实施定期监测评估制度进行规划动态协调。通过地理国情监测,定期对各类规划的实施情况进行监督,并将监测结果反馈到"多规合一"工作中,及时发现问题、研究对策、优化规划。

三是作为审批流程提升再造的信息化手段,由行政审批中心使用。在初步实现建设项目信息、规划信息、国土资源信息共享共用基础上,将全市涉及用地空间行政审批的事项接入"多规合一"业务协同平台。依托该平台深入推进项目审批全方位、全流程的再造,逐步实现"多审合一""多批合一""多验合一"。推动建设项目审批"全流程"的优化再造,将用地规划许可阶段之后的四个阶段审批流程以及由此衍生的各项中介服务纳入"业务协同平台",实现"多规合一"在市、区、部门等审批领域和政府、社会投资项目的全覆盖。完善项目监督机制,

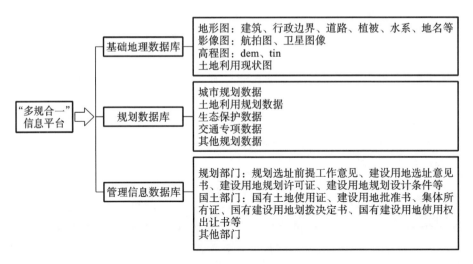

图 3-9 "多规合一"信息平台架构

保证审批效率,由市行政审批服务中心与嘉兴市重点项目建设办公室形成互动。

3.2.3.3 推进规划改革的三项保障措施

1. 改革明确嘉兴市空间发展与保护总体规划的法定地位

改革明确"1"即嘉兴市空间发展与保护总体规划的法定地位,建立与事权相一致的规划审批体系。建议"1"(嘉兴市空间发展与保护总体规划)由嘉兴市政府编制,由国务院或省政府审批。"4"以"1"为上位规划,由嘉兴市政府组织编制,市人大审批。"N"由市级各部门组织编制,由嘉兴市政府审批。同时,为加强全域管控,各县(市)"1"即各县(市)域总体规划,由地方政府编制,嘉兴市政府审批;"4"由地方政府编制,县(市)人大审批;"N"由县(市)相关部门组织编制,由地方政府审批。审批通过的规划成果录入信息共享平台。嘉兴市规划审批现状与目标见图 3-10。各县(市)规划审批现状与目标见图 3-11。

2. 改革规划管理体制与机构

改革规划管理体制与机构,完善嘉兴市市域规划委员会决策职能,设立专职规划管理部门。

首先需要通过完善嘉兴市市域规划委员会的决策审查职能,强化市对县(市)的规划管控以及横向部门间的规划实施协调。强化嘉兴市市域规划委员会规划决策与审查职能,重点加强规划宏观管理职能,增加全市性规划修编的计划管理、重大规划内容审议、全市性专项规划和所辖县(市)域总体规划的审核职能。在"1+4+N"规划体系中,"1"即嘉兴市空间发展与保护总体规划,须

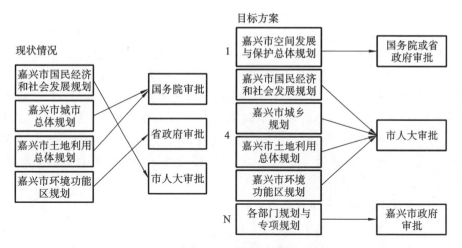

图 3-10 嘉兴市规划审批现状与目标

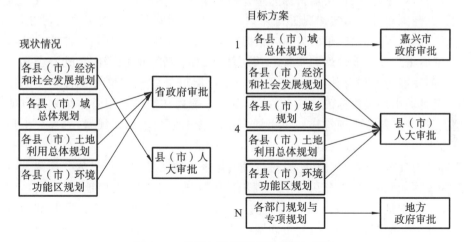

图 3-11 各县(市)规划审批现状与目标

提交嘉兴市城乡规划建设管理委员会审议通过后,最终报国务院或省政府审批。各县(市)"1"即各县(市)域总体规划,提交嘉兴市城乡规划建设管理委员会审议后,由嘉兴市政府审批。"4"即嘉兴市国民经济和社会发展规划、嘉兴市城乡规划、嘉兴市土地利用总体规划与嘉兴市环境功能区规划,须提交嘉兴市市域规划委员会审议通过后,最终报市人大审批。"N"即各部门规划与专项规划,在编制时分离其空间属性与技术属性,其中空间属性部分提交嘉兴市城乡规划建设管理委员会审议。同时,建立规划督察派出机构,向各县(市、区)派出规划督察员,履行规划实施监控职责。各县(市)建立同等城乡规划建设管理委员会及常设办公室,职能履行与市级一致。

其次是通过成立专门的规划编制管理机构,专职负责规划编制,专职负责"多规合一"后续各项维护与执行工作,保障多规改革成果。将各单位规划管理职能统一至同一机构,新成立综合性规划管理部门,具体履行市政府规划编制、管理、协调职能,实现编制、审查、审批、实施部门职能分离。"1"与"4"的编制由政府组织,由该部门具体负责,其他各部门共同参与。"N"的编制由专项部门组织,该部门参与空间部分的编制工作。此外,还由该部门具体负责"三区四线"及"规划一张图"的动态管理与维护、"一套标准"的执行与维护、"一套平台"的执行与维护等,所有与规划及"多规合一"有关的系统维护工作。

3. 完善"多规合一"工作长效机制

完善"多规合一"工作长效机制,有效落实市委、市政府的年度重大决策与平台建设。促进建设用地空间资源向中心城区与重点平台集中、招商引资向重点发展产业集中、建设用地指标向重大项目集中。首先,对年度市委、市政府重大目标与工作计划落实情况进行评估,论证是否达到既定的目标要求,列明没有达到的原因,提出改进的措施。根据新形势、新变化,以及规划的评估论证结果,适时组织对城乡规划和土地利用总体规划的修改和调整,使其既符合嘉兴市空间发展与保护总体规划,又符合城市近期项目落地与重大平台建设的需要,促进城市发展目标的实现。其次,在城乡规划和土地利用总体规划并行的情况下,针对部分土地符合城乡规划但不符合土地利用总体规划,或部分土地符合土地利用总体规划但不符合城乡规划的情况,利用建设项目实施过程中对不同规划要求时间上的差异,通过合理安排重点地区和重点项目的分期建设时序和规划实施时序,充分用好土地利用总体规划确定的建设用地指标,提出建设用地特别是城乡规划远期土地储备和远景预留用地、土地利用总体规划中有条件建设区的调整范围,分别指导城市总体规划或土地利用总体规划各自的调整和修订,形成"多规合一"在相同期限内动态的修改机制,充分实现规划的动态实施机制。

3.2.4 政策措施保障

3.2.4.1 大力推进生态文明政策创新

（1）完善环境政策支撑体系。

健全配套扶持、奖优汰劣等政策体系。大力推行绿色信贷、绿色税收、绿色贸易、绿色保险,发展循环经济。完善政府采购制度,绿色节能产品要优先列入政府采购目录。开展环境污染强制责任保险试点,推进环境污染损害赔偿法治化、市场化、社会化。

(2)建立碳排放权、排污权交易市场。

进一步深化完善排污权交易制度,积极推进排污权有偿使用和交易,深入开展排污权抵押和排污权拍卖。积极探索碳排放权交易制度。通过税收、信贷等手段进一步完善排污权交易的政策调控体系。建立吸引社会资本投入生态环境保护的市场化机制,推行环境污染第三方治理。

(3)建立跨区域水环境联治联席工作机制。

争取联合建立由省级部门、杭湖嘉绍四市联合参与的交界区域水环境联治联席工作机制,建立健全联动、联防、联治机制。科学制订相应的整治方案,建立专项或综合定期联合执法巡查制度。

(4)探索设立水环境共同保护基金。

根据"谁污染谁付费、谁破坏谁补偿"原则,联合建立水环境共同保护基金。由水利部太湖流域管理局或者浙江省钱塘江管理局负责组织对跨界水质开展监测,明确以省界断面全年稳定达到考核的标准水质为基本标准。上游提供水质优于基本标准的,由下游对上游给予补偿;劣于基本标准的,由上游对下游给予补偿;达到基本标准的,双方都不补偿。专项基金用于太湖流域或者钱塘江流域水环境保护和水污染治理。

(5)积极争取创建"五水共治"省级示范区。

在我国,生态文明建设被确定为国家安全战略的核心组成部分。为实现该目标,嘉兴市推行"五水共治"政策,旨在保护并改善水环境,确保人民群众生活质量,以及推动生态环境的可持续发展。尽管全国已设立一批国家级生态示范区,但在"五水共治"方面,尚无国家级示范区。为加速政策实施与推广,嘉兴市在部分地区先行申报"五水共治"省级示范区。

在申报省级示范区时,应选择具备一定条件的地区。这些地区需具备完善的供水、排水、污水处理等基础设施,并设有明确的政策目标和实施方案。实施过程中,各地需注重水资源合理开发与利用,强化水污染防治,保障水生态安全,推动绿色经济发展。通过在这些地区先行实施"五水共治",有望取得显著成果,为全国范围内推广提供有力支撑。

3.2.4.2 完善重大平台政策支撑措施

(1)完善管理体制。

加强战略平台领导保障。由嘉兴市委、市政府领导,各县市区负责领导和相关部门负责人共同组建嘉兴市重大发展战略平台建设工作领导小组,加强对重大发展战略平台建设的工作指导、上下协调、区域联动和政策支持。有关部门各司其职、各负其责,召开由部门负责人组成的联席会议,协商解决战略平台的空间布局、范围划定、发展定位等问题。

探索建立区域联动机制。突破行政区划限制,由市重大发展战略平台领导小组统筹解决有关地区战略平台之间的产业定位、产业项目落地、基础设施布局、生态环境保护与改善以及利益分配等问题,促进嘉兴市七个县(市、区)的区域、政策、产业、平台之间的联动发展。建立人才、资金等要素的自由流通渠道,探索高端技术和管理人才平台间流动服务机制,由市战略平台领导小组统一引进、管理、考核,整体上促进战略平台科技创新能力和管理能力。

(2)强化政策导向。

强化用地优先政策。以嘉兴市"多规合一"修编为契机,实现产业规划和土地规划的衔接,优先安排一定数量的指标专项用于战略平台建设,合理安排平台规模和建设时序。增强相关政策的刚性,明确落实每年下达地方的切块计划指标不少于50%用于战略平台的政策。在总量控制的前提下,支持对战略平台内涉及的基本农田给予调整。对临沪、临杭区块20亿元以上重大项目,实行全额用地指标奖励。对已纳入省重大产业项目库的重大项目,落实省重大产业项目用地指标奖励措施,优先支持建设用地指标需求。

完善金融服务体系。建立投融资服务平台,积极探索"项目孵化、风险投资、金融信贷、科技担保"的捆绑运作模式,降低投资、融资风险,吸引风险资金投入。政府出资建立小微企业信贷风险补偿基金,设立或参股融资性担保公司、再担保公司,为小微企业提供增信服务,降低融资成本。积极拓宽直接融资渠道,多渠道筹措战略平台建设资金。支持符合条件的企业通过主板、中小板、创业板和境外上市融资;大力发展股权投资基金,引入省内外知名股权投资管理机构,参与战略平台内重点项目的投资。

(3)优化考核机制。

完善考核办法。建立战略平台考核专家小组,实行第三方考核机制,增强考核的客观性和科学性。更加突出建设发展水平提升、产业优化和创新引领、分类指导和特色发展等考核,将大项目引进、大产业培育、创新能力建设、资源集约利用等作为评价考核的核心内容。

增强激励导向。扩大战略平台考核结果的应用范围,专项资金要与考评结果相挂钩,可以考虑实行以奖代补方式。将战略平台建设任务列入市委、市政府对各级、各部门工作考核的重要内容,定期予以通报,择优奖励。

3.2.4.3 优化空间资源统筹政策

（1）加强组织保障。

为加强市域空间资源统筹的组织领导，建议涉及空间资源统筹的工作由"嘉兴市'多规合一'试点工作领导小组"统一协调，在具体工作中加强各部门、各县（市、区）和重点平台的沟通与衔接。

（2）完善资源补偿机制。

一方面，完善市与县（市、区）相结合的耕地、生态用地保护及规划空间资源区域统筹补偿机制。为充分发挥市场在空间资源统筹中的决定性作用，根据《浙江省人民政府办公厅关于进一步加强耕地占补平衡管理的通知》（浙政办发〔2014〕25 号）、《浙江省国土资源厅、浙江省财政厅、浙江省物价局关于做好耕地占补平衡指标调剂工作的通知》（浙土资发〔2014〕36 号）等文件的要求，结合《嘉兴市农村土地整治增减挂钩节余指标交易管理办法（试行）》，建立包括耕地补充、耕地质量提升、标准农田、基本农田、增减挂钩节余指标、建设用地规模、用地（海）计划指标、生态空间等空间资源的调剂交易平台。

另一方面，完善耕地、生态用地保护及规划空间指标调剂统筹补偿价格标准及动态调整机制，充分发挥市场在资源配置中的决定性作用，通过建立空间资源调剂交易平台，及时将各县市可统筹空间资源信息予以公布，将不低于省内相关空间资源的市场交易价格作为定价标准，并及时随着省内交易价格的变化建立动态调整机制。

（3）完善市对县（区、市）政府考评制度。

为顺利开展空间资源统筹，应将空间资源统筹工作纳入政府考核机制。在各类考核中对增加耕地补充和基本农田任务及生态空间资源的县（市、区）、减少建设用地相关指标的县（市、区）进行加分，鼓励为市域空间资源统筹做出贡献的地区。

（4）提高土地资源区域统筹市场化配置水平。

按照省政府《关于推广海宁试点经验加快推进资源要素市场化配置改革的指导意见》（浙政办发〔2014〕65 号）精神，积极组织嘉兴市开展改革试点，推进嘉兴市土地要素市场化配置改革。通过改革建立以亩产效益为中心的综合评价机制，将其作为评判企业高下和实施差别化要素配置的依据；以资源要素价格差别化为中心的分类施策倒逼机制，更好地反映资源稀缺程度和生态环境损害成本；以激励和倒逼相结合为中心的落后产能退出机制，促进存量盘活和资源优化配置，提高要素使用效率；以土地开发投入强度和单位效益产出承诺为中心的项目准入机制，促进经济结构调整和发展方式转变；以实现资源利用效率低下产能退出为中心的要素公平交易机制,促进各种生产要素的自由流动和市场化配置。

(5)建立完善耕地和生态保护的补偿机制。

建立全市耕地和生态保护年度补偿机制,对耕地和生态用地按质量和保护等级制定不同的补偿标准予以补偿。建议将耕地分为永久基本农田示范区内基本农田、一般基本农田、普通耕地三级,将生态用地分为国家级保护区(含一级饮用水源保护区)、省级保护区(含二级饮用水源保护区)和其他保护区(含饮用水源保护区准保护区)三级。通过保护补偿建立资源保护的财政支付转移制度,各类空间资源的保护同样可以产生一定的效益,最终形成"谁保护谁受益、多保护多得益"的良性保护机制。

3.2.4.4 加强土地集约节约利用政策

(1)建立共同责任机制。

按照主体明确、责任明晰、经济激励、监督制约的思路,建立健全"党委领导、政府负责、部门协同、公众参与、上下联动"的促进建设用地节约利用的共同责任机制。

(2)研究制定激励配套政策。

加大节地技术和节地模式的配套政策支持力度,在用地取得、供地方式、土地价格等方面,制定鼓励政策,形成节约集约用地的激励机制。对现有工业项目不改变用途前提下提高利用率和新建工业项目建筑容积率超过国家、省、市规定容积率部分的,不再增收土地价款。在土地供应中,可将节地技术和节地模式作为供地要求,落实到供地文件和土地使用合同中。协助相关部门,探索土地使用税差别化征收措施,按照节约集约利用水平完善土地税收调节政策,建立存量建设用地盘活利用激励机制,鼓励提高土地利用效率和效益。

(3)全面推进节约集约用地评价制度。

建立并实施项目、城市、区域不同空间层次节地评价制度,使节地指挥棒引领经济发展方式转变。项目节地评价结果作为项目准入及土地使用税差别化征收等方面的基本依据;城市、区域节地评价结果纳入政府政绩考核体系,通过制度规范促进节约集约用地。严格执行依法收回闲置土地或征收土地闲置费的规定,加快对闲置土地的认定、公示和处置。建立健全低效用地再开发激励约束机制,推进城乡存量建设用地挖潜利用和高效配置。完善土地收购储备制度,制定工业用地等各类存量用地回购和转让政策。

(4)严格项目准入。

项目准入严格执行各行各业建设项目用地标准,明确用地标准的控制性要求,在建设项目可行性研究、初步设计、土地审批、土地供应、供后监管、竣工验收等环节,严格执行建设用地标准,不符合规划的、不符合产业方向的、达不到环保要求的、达不到各行各业建设项目用地标准的项目,一律不得批准及供应土地。

(5)加强批后管理。

建立完善项目批后公示、跟踪管理、竣工验收制度;加强建设用地全程监管及执法督察,全面落实土地利用动态巡查制度,对批而未用、供而少用、未按规划建设、未按合同履约的低效用地、闲置用地、违规用地汇总分类、依法依规予以处理,未按规定期限整改的项目,坚决压缩和回收土地,进行再利用、再招商。

3.2.4.5　加强红线管控保障措施

(1)增强红线意识。

各责任单位要树立生态政绩观,切实增强生态保护红线保护责任意识,正确处理好发展与保护的关系,严守生态保护红线,影响生态功能的建设项目禁止准入,把生态保护红线区域保护工作纳入经济社会发展评价体系,实行"一把手"负总责,强化生态保护红线的刚性约束力,确保不逾越"高压线"。

(2)建立协调机制。

政府成立生态保护红线管控工作协调小组,协调处理生态保护红线管控中出现的问题。各街镇、园区和规划、土地、发改、水利、环保、农业、住建等有关行政主管部门要根据各自工作职责、执法范围,严格监管,相互配合,做好生态保护红线的相关监督和管理。

(3)明确监管职责。

各市县(区)、各街镇、各园区是本区域内生态保护红线管控的责任主体,负责组织生态保护红线内违法建设情况巡查,发现情况及时报告,并协助调查处理。农业、环保、水利、国土等部门要建立督察机制,根据区域不同需要,调整督察频次,加强行政执法监督。

(4)落实生态补偿。

本着"谁保护、谁受益""谁贡献大、谁得益多"原则,财政、环保、农业、水利等部门要根据省市区生态补偿转移支付办法,对各责任单位年度生态保护红线区域保护任务完成情况进行综合考核,对一级管控区给予重点补助,对二级管控区给予适当补助。如发生重大污染事件,导致本地区生态环境受到严重影响或考核不合格的,将取消该地区年度考核奖励资格。

(5)加大处罚力度。

各责任单位要各司其职,各负其责,强化执法手段,规范执法行为,加大处罚力度,严肃查处逾越生态保护红线、破坏生态环境的违法行为,依法追究法律责任,并按照"谁破坏、谁修复"的原则,由违法者承担生态恢复和修复责任。

(6)严格管控问责。

建立责任追究制度,把加强生态保护红线管控作为政府行政问责的重要内容。对逾越生态保护红线的行为或生态保护红线范围保护控制不力的责任单位,实施严格问责,分别追究决策部门、执行部门和行政监管部门主要负责人的责任;情节严重的,依法依纪作出严肃处理。

(7)加强保护宣传。

结合生态文明建设,加强生态保护红线区域保护宣传工作,通过全方位、立体化宣传,营造群众自觉参与监督与保护的氛围。积极推进生态保护红线管控信息公开,拓宽社会公众、新闻媒体监督渠道,构建完善的生态保护红线监督体系。

(8)探索约束机制。

探索编制自然资源资产负债情况,对领导干部实行自然资源资产离任审计,将它跟干部考评机制结合起来,变成一项考评指标。建立生态保护红线保护刚性约束的"零容忍"机制,用制度可持续性地保护生态环境。

3.3　重构效应:空间治理创新与治理能力提升

在国家日益关注空间治理能力的背景下,嘉兴市"多规合一"逐步探索规划编制、实施、管理全过程的空间治理模式创新。其改革结合市情,以建设现代化网络型田园城市、江南水乡典范城市为目标,重点突出四个方面的特色。

一是市域统筹。确定统一的发展目标,以实施空间战略弱化行政区、强化经济区,推动全市统筹管理。

二是城乡同步。通过"市域统筹、分区作业、单元管理",划定城市与农村规划单元,以嘉兴市统筹城乡领跑全国为优势,在"全市一盘棋"的基础上,进一步强调"城乡一盘棋",突出嘉兴市"多规合一"城乡统筹的特色。

三是水乡生态。除划定基本农田、基本生态控制线之外,还划定包含水域及水系在内的城市生态控制线,更加突出水乡特色。

四是资源整合。利用空间统筹协调与图斑比对技术,整合市域用地增量和存量,为嘉兴市发展提供必要的用地保障。

在这四个方面的特色中,市域统筹是基础,城乡同步是关键,水乡生态是亮点,资源整合是保障。通过这四轮驱动,嘉兴市的"多规合一"改革取得显著的成效。首先,市域统筹有力地推动区域协调发展。嘉兴市在统一的发展目标指导下,以实施空间战略弱化行政区、强化经济区,从而实现全市统筹管理。这一举措有效地打破行政界限,使得经济、资源、人口的自由流动加强,为全市经济社会发展提供强大的动力。其次,城乡同步发展战略取得显著成果。嘉兴市通过"市域统筹、分区作业、单元管理",划定城市与农村规划单元,实现城乡发展规划的有机融合。这一做法不仅有力推动城乡一体化发展,还为国家统筹城乡发展提供可借鉴的经验。再次,水乡生态特色得到充分彰显。嘉兴市在划定基本农田、基本生态控制线的基础上,还划定了包含水域及水系在内的城市生态控制线。这一举措不仅有效保护江南水乡的自然生态环境,还不断提升城市品质,推动更多人才和投资流入,更推动着绿色发展的进程。最后,资源整合为嘉兴市的发展提供有力保障。通过空间统筹协调与图斑比对技术,嘉兴市成功整合市域用地增量和存量,为城市发展提供了必要的用地保障。这一做法既满足经济社会发展需求,又实现资源的高效利用。

总之,嘉兴市"多规合一"的改革探索,为我国空间治理能力现代化提供有益经验。在未来,嘉兴市应继续深化这一改革,不断完善空间治理体系,为实现建设现代化网络型田园城市、江南水乡典范城市的目标而努力。同时,其他城市也可借鉴嘉兴市的成功经验,结合自身市情,探索适合本地的空间治理模式,共同为国家空间治理能力提升贡献力量。

3.3.1　重构"一办四组"的组织领导形式

依据四部委的工作要求,市委、市政府遵循时间协同、部门协同、市县协同、技术协同、进度协同"五个协同"的原则,组建"多规合一"领导小组。在市层面,成立以市委书记、市长为组长的"多规合一"试点工作领导小组,下设"一办四组"。其中,"一办"的办公室主任由分管城建副市长兼任,"四组"分别为经济社会发展、城镇建设、土地利用、生态环境保护四个领域的专题工作组,分别由发改、住建、国土、环保四个部门负责。其主要职责包括开展各自领域的专题研究、政策制定、规划衔接以及指导县(市)开展工作等。四部门定期召开工作例会,确保"多规合一"工作中存在的问题得到及时沟通、衔接和协调。各县市参照市区的做法,成立由党政一把手任组长,分管城建副市(县)长任办公室主任,发改、住建、国土、环保构成"四组"的工作机制,确保上下联动,统筹推进实施。

3.3.2　重塑"部门协调、上下联动"的整合机制

在深入研究领会中央新型城镇化工作会议精神的基础上,编制完成嘉兴市

"多规合一"试点方案与工作大纲。在注重部门的横向联动和县市纵向联动的基础上,按照"总—分—总—分—总"的工作步骤开展"多规合一"工作。其中第一个"总"即以嘉兴市"多规合一"试点工作领导小组为主体,共同研究统一的规划标准,摸清家底、做好底图。第一个"分"即在充分发挥"多规合一"领导小组办公室统筹协调作用的前提下,各部门、各县(市)分别做好战略目标研究、控制线划定、差异图斑比对与消除等技术工作。第二个"总"即根据各部门、各县市统一协调的内容进行整合,确保规划在发展理念、目标方向、重大战略、重大布局等方面整体协调一致,形成一张蓝图。第二个"分"即各部门以一张蓝图为基础进行各自规划修改。最后一次"总"即形成最终的上报成果。同时确定围绕"战略引领、底线控制、资源整合、平台支撑、机制保障"五项重点工作内容开展八项专题研究,为"多规合一"改革工作提供强有力的理论与技术支撑。

3.3.3 明确管控"三区四线"空间体系

通过对各类的梳理与入库工作,对全市国民经济和社会发展规划、城乡规划、土地利用总体规划和环境功能区规划进行全面梳理,统一数据来源、数据标准、底图母本,纳入统一的"多规合一"数据库,并消除差异图斑,形成一张图,在此基础上进一步划定"三区四线",科学确定全市"生态、农业、城镇"三大空间,并制定相应的空间对应管控措施[①]。同时,国土部门通过划定永久基本农田控制线,着力保障耕地红线,确保粮食生产安全;环保部门通过划定基本生态控制线,着力保障生态红线,确保生态安全格局;发改部门结合重大平台研究,划定产业区块控制线;住建部门结合市域总体规划的预测,划定城市增长边界。

3.3.4 制定"城乡一盘棋"的统一技术标准

经过反复探索、反复试验,嘉兴市最终于 2015 年 3 月制定技术标准,将工作语言统一,并向全市印发执行。嘉兴市"多规合一"成果相关技术和数据标准汇编主要包括"多规合一"入库技术标准、用地分类对照标准、城乡单元划定技术标准、控制线管控标准、差异处理标准五项标准。其中,"多规合一"入库技术标准重点对国民经济和社会发展规划、土地利用总体规划、城乡规划、环境功能区规划进行整合梳理,统一数据来源、数据标准及底图母本,按照矢量化要求纳入统一的"多规合一"系统平台;用地分类对照标准,重点把城乡规划和土地利

---

① 林坚,文爱平.林坚:重构中国特色空间规划体系[J].北京规划建设,2018(4):184-187.

用总体规划的用地分类纳入统一标准体系进行比对,形成用地分类对照标准表;城乡单元划定技术标准通过"市域统筹、分区作业、单元管理"的方式划定城市与农村规划单元,做到"城乡一盘棋",突出全市统筹城乡的发展特色。

3.3.5 打造规划一致性的空间资源配置

结合"十三五"发展重点及要求,优先保障市级重大产业平台、重大设施空间落实。全面推进"三个集中"。一是建设用地空间资源向中心城区和主平台集中,优化空间资源配置,增强空间产出效应。二是招商引资项目向重点发展产业集中,提高产业集中度,推动产业集群化发展。三是计划用地指标向好项目、大项目、实体项目集中,集聚资源、重点突破,实现用地指标的效益最大化。

优先保障"18+9"(18个制造业与服务业平台,9个旅游业发展平台)高质量发展战略平台,重点加快"一主三区三带"(嘉兴市主城、融沪集群区、连杭联动区、滨江滨海提升区,以及杭浦高速、沪杭线、申嘉湖高速公路三大交通发展轴)总体布局架构。优先保障市区三大产业平台,为经济发展提供发展空间。通过梳理,节约150平方千米建设用地指标;通过"退散进集""退小进集",腾退低效城镇用地46.67平方千米,以及生态空间和农业空间中的村级"低小散"低效工业用地21.8平方千米。

重点保障重大设施空间落实。强化交通网络支撑,优先保障高速公路、干线公路、快速路、轨道交通、高等级航道等项目建设用地空间及空间预留;加强基础设施统筹布局,落实基础设施廊道、引水供水系统、联合排污体系、垃圾处理应急联动等项目建设用地空间并对规划空间进行适度预留。重点保障近期重大项目布局,包括"4+6"国家战略举措项目、实施创新驱动发展战略项目、推进产业升级项目、推进新型城市化项目、生态建设环境保护项目、改善民生项目六大项。

4　生态文明背景下的国土空间规划(2018年至今)

十八大报告将"优化国土空间开发格局"上升到生态文明建设首要任务的高度[①]。2015年,中共中央、国务院出台《生态文明体制改革总体方案》,提出"建立空间规划体系",将空间规划体系作为生态文明体制改革的重要部署。2018年,中共中央、国务院机构改革方案出台,赋予自然资源部建立空间规划体系并监督实施的职责,着力解决空间规划重叠等问题[②]。这标志着中国空间规划进入空间规划体系重塑的新纪元[③]。2019年,中共中央、国务院发布《关于建立国土空间规划体系并监督实施的若干意见》(以下简称《意见》),明确提出"2020年基本建立国土空间规划体系",标志着生态文明新时代空间规划体系重构迈出了重要一步。

2019年,在国家机构改革的背景下,为贯彻落实《意见》,浙江省开展了一系列国土空间规划技术标准的制定,并于同年10月发布《浙江省县级国土空间总体规划编制技术要点(试行)》。目前,嘉兴市已全面开展国土空间规划,并取得阶段性成果。

4.1　关键问题:国土空间开发与保护的矛盾

我国社会经济发展逐步迈入新的阶段,经济增长速度由高转为中高,发展方式由规模扩张型转向质量提升型,生态文明理念日益深入人心。在生态文明时代,开发与保护的矛盾已上升为构建空间规划体系最为关注的问题。一方面,过去"为增长而规划"的规划范式导致的一系列历史遗留问题亟待解决,如

---

① 樊杰,周侃,陈东.生态文明建设中优化国土空间开发格局的经济地理学研究创新与应用实践[J].经济地理,2013,33(1):1-8.

② 董祚继.新时代国土空间规划的十大关系[J].资源科学,2019,41(9):1589-1599.

③ 张京祥,林怀策,陈浩.中国空间规划体系40年的变迁与改革[J].经济地理,2018,38(7):1-6.

生态环境破坏、三生空间规划冲突、土地无序低效开发等问题[①]。另一方面,随着资源约束趋紧和经济发展模式转型,国土空间规划面临如何打破增长型规划的路径依赖的挑战,同时需探索兼顾生态保护和高质量发展目标的空间利用方式。浙江省作为"绿水青山就是金山银山"理论的发源地,其市、县级国土空间总体规划以全域全要素为基础,强化陆海统筹,贯彻生态文明理念,正持续探索"两山"理论向现实转化的有效路径。

嘉兴市地处长三角核心、杭嘉湖平原腹地,京杭大运河纵贯境内,地势自东南向西北倾斜,呈现北湖荡、中廊道、南塘浦特征,是江南水乡文化的典型代表。陆域田、地、水交错分布,呈现"六田一水三分地(建设用地)"的自然地理格局。为推进建设长三角城市群重要中心城市,实现经济发展活力持续增长,合理配置和提升资源利用效率,嘉兴市需要优化全市国土空间开发保护格局,促进国土空间治理体系和治理能力现代化。在生态文明时代,嘉兴市面临以下国土空间规划挑战。

4.1.1 增长型规划造成的历史遗留问题亟待解决

高强度开发加剧生态压力。土地开发强度由 2009 年的 24.7% 增至 2016 年的 30.7%,土地开发强度到达最高警戒线(30%)。同时,生态赤字从 2009 年的 1.72 公顷/人增加到 2016 年的 2.01 公顷/人,生态赤字达到生态承载力的 10.86 倍。嘉兴市现状耕地占比 33.3%,开发强度 32.5%,远高于浙江省平均水平,未利用地极其有限,耕地保护压力大,后备耕地资源不足,耕地恢复代价较大。

生态保护重要区相对分散,面积占比小。全市陆域生态保护极重要区 109.6 平方千米,主要位于秀洲北部湿地、南北湖、九龙山、重要水源地;陆域生态保护重要区 936.8 平方千米,主要位于市域北部湖荡区、九龙山及南北湖周边、平原河网及主干(县级以上)河道两岸保护管理范围、钱塘江河口(港口航道区)区域。海洋生态保护重要区主要位于钱塘江入海口及王盘山海洋公园。

国土空间开发与自然环境格局不匹配。嘉兴市拥有北湖荡、中廊道、南塘浦的独特襟湖连海格局,但是却存在北部湖荡区开发强度大、中部 G60 廊道开发建设有限、南部滨海岸线缺乏高效利用的空间开发格局的问题。资源要素向优势地区投放不足,与北部湖荡区保护、中部平原与南部海岸开发的理想发展

---

① 买静.市、县级国土空间总体规划编制技术的浙江探索[C]//中国城市规划学会,成都市人民政府.面向高质量发展的空间治理——2021 中国城市规划年会论文集(20 总体规划).北京:中国建筑工业出版社,2021:14.

态势相去甚远。此外,各类用地空间布局分散,用地效率有待提升。农业、生态、乡村、城镇用地交错分布,削弱了空间系统性与整体效能。G60 走廊沿线经济与人口增长较快但城镇开发强度不高。2020 年全市亩均 GDP 29.3 万元,低于浙江省平均值,且与苏南城市相比差距较大。农村地区建设用地存在"人减地增"的情况,人均村庄建设用地面积较大而利用率较低。

农业城镇适宜空间高度重叠,农业开发呈破碎化特征。市域农业生产适宜区面积为 2066.3 平方千米,主要为等级高或较高的优质耕地,广泛分布于全市各地,占市域总面积的 48.9%;陆域城镇建设适宜区共 2683.6 平方千米,占63.6%,为地势平坦、工程地质环境稳定、区位优势度好的地段。两者高度重叠,重叠面积占市域总面积的 30%。嘉兴市地处杭嘉湖平原,水资源丰富,耕地面积大但破碎开发的影响明显:耕地平均斑块面积仅为 13.6 亩,5 亩以下永久基本农田斑块与片块比例分别高达 10%、2.7%,高于全省平均水平。

4.1.2 实现高质量发展目标的空间利用方式尚待探索

水资源相对短缺约束城镇建设规模。嘉兴市人均水资源保有量低,境内供水量不足,需建设境外引水工程。考虑千岛湖、太湖引水工程后,对应平水年和枯水年,市域水资源约束下可承载城镇人口 800 万~1125 万,可承载城镇建设用地规模为 988~1443 平方千米。

碳达峰、碳中和背景下绿色低碳发展应对不足。嘉兴市化工等资源型产业占第二产业比例较高,单位 GDP 能耗 0.54 吨标煤/万元,高于全省平均水平,全市煤炭消费总量下降率尚未达到省下达控制目标。清洁能源使用占比不高,造纸及纸制品业、化学原料及化学制品制造业、化学纤维制造业、黑色金属冶炼及压延加工业等高耗能行业单耗比不降反升。绿色低碳转型迫在眉睫,实现碳达峰、碳中和压力较大。

中心城市首位度较低,市域统筹不足。嘉兴市城镇发展布局分散,中心城区人口、经济集聚带动作用不突出,中心性不强,市区 GDP 仅占市域 27%,人口占比为 28%,均居全省倒数第 3 位。嘉兴市是浙江模式的发源地之一,块状经济特征突出,城镇、产业园区规模小、布局散,协同发展不足,亟待统筹优化。

公共服务水平不高,高品质需求空间供给不足。嘉兴市社区文化活动设施步行 15 分钟覆盖率 83.03%,每 10 万人拥有的博物馆、图书馆、科技馆、艺术馆等文化艺术场馆数量为 26.85 个,与长三角其他重要城市相比仍有差距。优质教育、医疗、养老、文化供给不足。吸引高端人才的科创产业、战略性新兴产业,高效产出的区域空间资源供给不充分。

城市应对自然灾害能力不足。嘉兴市自然灾害以内涝灾害为主,防御典型大洪水能力仍然不足,外排能力亟待提升,城市防洪应对历时短的强台风、强暴雨和超标准流域洪水的能力还显不足。市域局部存在地面沉降风险,需采取严格的工程防治措施。

海洋生态空间品质仍需改善,海洋经济实力仍需提升。因长期受长江、钱塘江等大江大河携带入海的污染物影响,水体自净能力相对较弱,全市近岸海域海水环境形势依然严峻;互花米草的入侵影响了杭州湾北岸滩涂湿地的生态多样性,滩涂湿地的生态价值和景观价值仍有待提升;海洋数字经济、海洋先进制造业尚未进入快车道,海岸带区域景区的联动不足,尚未形成产业集聚和规模效应。

4.2 核心实践:生态文明视角下的全域全要素统筹

4.2.1 规划原则

坚持战略引领,全面落实上位要求。以习近平新时代中国特色社会主义思想为指导,发挥国土空间规划顶层设计作用,保障国家和浙江省的决策部署在嘉兴市高效落地。全面落实长三角一体化发展、共同富裕示范区等国家战略,深度接轨上海大都市圈建设,深度谋划落地实施的重大战略空间。

坚持底线思维,全面保障国土安全。坚持生态优先、绿色发展的原则,严格遵照资源环境承载能力和国土空间开发适宜性评价结果来规划国土空间。严守粮食安全底线和生态安全底线,划定永久基本农田、生态保护红线、城镇开发边界、历史文化保护线、安全风险控制线等重要控制线,保障嘉兴市经济社会的永续发展。

坚持以人为本,全面提升城市品质。着力提升生态环境,优化国土空间品质,塑造特色城乡风貌,建设美好人居环境。实施以人为核心的新型城镇化战略和乡村振兴战略,推进城乡均衡的公共服务,促进城区品质提升,成为全面展示中国特色社会主义制度优越性重要窗口中最精彩的板块。

坚持创新驱动,全面提升发展质量。加快建设创新型新经济体系,全面优化创新产业集群布局,推动产业平台整合提升。坚持内涵式集约节约发展,推动存量低效用地更新利用,全面提升用地产出绩效,为实现高质量双循环提供空间支撑。

坚持市域统筹,全面强化治理能力。推动市域一体化改革试点,完善国土空间管控与引导体系,优化市域资源要素配置和国土空间用途管制。深化数字化改革,构建以国土空间规划为基础、以统一用途管制为手段的国土空间开发保护"一张图"实施监督信息系统,为规划实施监督提供依据和支撑。

4.2.2 规划空间战略

"接沪融杭、一体发展"战略。深度融入长三角一体化发展国家战略格局,融入上海大都市圈总体格局,对接杭州都市圈、宁波都市圈发展,深化与苏州、湖州的协同发展,打造多方联动的对外开放格局,争当一体化发展先锋。加快建设全面接轨上海"桥头堡"和承接上海辐射的"门户";加快推进长三角生态绿色一体化发展示范区嘉善片区和嘉善县域高质量发展示范点建设;加快推进虹桥国际开放枢纽"金南翼"建设,充分发挥G60科创走廊、国家城乡融合发展试验区政策优势,依托长三角生态绿色一体化发展示范区、浙江乍浦经济开发区、杭海数字新城等战略平台和区域重大基础设施,深化沪嘉、杭嘉、嘉湖、甬嘉、苏嘉一体化发展,高效对接长三角地区主要城市及周边毗邻城市。

"强化核心、最优整体"战略。在推进全市深度融入长三角核心区网络化格局的同时不断强化中心城市在市域中的中心地位,不断提升市域统筹能力,不断提高中心首位度,形成良好的分工协同关系,打造以集群为核心的"向心流",实现资源要素优化配置。全面提升市域一体化水平,强化县城的支撑作用,重点推动"两湖一嘉"重点协同区、湾北新区、县市毗邻地区协同区(洪合—濮院协同区、尖山—南北湖协同区、乍浦—独山港协同区)建设。以市域功能结构、生态体系、设施网络一体化为重点,建立市域统一的空间质量和绩效测算标准,实现发展效益优化,形成市域最优整体。

"创新驱动、同强共富"战略。以G60科创走廊为引领对接上海、杭州创新高地,引导科技创新资源集聚,推进开发区空间整合,形成高能级战略平台为引领、国省级开发区为支撑、"万亩千亿"新产业平台为重点的产业平台体系。提升优化市域创新创业空间,推动市域产业平台协同合作,实现市县同强共富发展。

"生态优先、最美江南"战略。以长三角生态绿色一体化示范区为引领,优化江南水乡生态底板,突出强调生态保护红线的刚性约束作用,建立自然保护地体系,构建海陆统筹的生态网络格局和生态全要素管控体系。推进全要素生态修复,健全绿色低碳要求的用途管制,依托"一江一河,水韵田园",打造最美江南特色风貌,实现生态空间高水平保护。

"提质增效、空间智治"战略。以国土空间基础信息平台为基础,构建国土空间规划"一张图"实施监督信息系统,推动"一年一体检、五年一评估"的定期体检评估模式,促进规划管理向数智化变革,建立全流程贯通、全过程管控、全周期治理的国土空间规划管理系统,实现动态精细化空间治理。

4.2.3 规划体系:延续"多规合一"框架,搭建全域全要素全方位规划体系

嘉兴市级国土空间总体规划是国家"五级三类"国土空间规划体系的重要组成部分,在延续"多规合一"框架基础上,按照国家"五级三类"空间体系要求,搭建全域、全要素、全方位规划体系:全域包括市域 4224 平方千米的陆域面积以及 1532 平方千米的海域面积;全要素包括对城乡建设用地基础要素的规划和管控,并涵盖对山水林田湖草等要素资源的规划和管控;全方位规划体系包括规划编制、实施机制、法规政策、技术标准以及覆盖全市的"一张图"实施监督信息系统。

4.2.3.1 完善国土空间规划传导体系

(1)建立国土空间规划编制体系。

建立以总体规划为引领,专项规划、详细规划为支撑,城市设计为指引的"1+1"空间规划体系(图 4-1),实现一张蓝图绘到底。

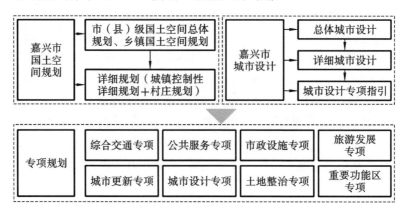

图 4-1 嘉兴市国土空间规划编制体系[①]

---

① 图表来源:《嘉兴市国土空间总体规划(2021—2035 年)》草案公示。

编制三级三类国土空间规划。加快编制市、县、镇三级和总体规划、详细规划、相关专项规划三类规划。市级国土空间总体规划是为实现"两个一百年"奋斗目标制定的全市空间发展蓝图和战略部署。县（市）级国土空间总体规划是对县域国土空间开发保护利用的具体安排和综合部署。镇级国土空间总体规划是对上级国土空间总体规划以及相关专项规划的细化落实。详细规划是对具体地块用途、开发建设强度和管控要求等做出的实施性安排，包括城镇开发边界内的详细规划和城镇开发边界外的村庄规划。相关专项规划是在特定地区、特定领域为实现特定功能对空间开发保护利用做出的专门安排。

完善三级三类城市设计。加快编制市、县、镇三级和总体城市设计、特定区域城市设计、详细城市设计三类城市设计。市域总体城市设计从全域角度对城镇特色、文化传承、风貌管控提出规划要求。市区、各县（市）和乡镇总体城市设计要划定城市景观风貌重点管控区域，提出景观风貌要素的引导和控制要求。重点平台、重要区域要编制特定区域城市设计，对城市局部地区的土地利用、公共设施、景观风貌等做进一步规划安排。重点地段、重要地块和重要节点要编制详细城市设计，细化总体城市设计和特定区域城市设计提出的控制和引导要求。

（2）落实国土空间规划传导机制。

建立健全国土空间规划传导机制，做到总体规划、总体城市设计统筹同级专项规划、详细规划，下位规划服从上位规划。传导内容包括约束性指标、刚性管控要求以及国土空间开发保护目标、结构、布局等重要引导内容。通过分级传导，确保战略引领内容自上而下有效传达，刚性管控内容向下层层落实，同时为下位规划预留深化、增加和反馈的窗口，充分体现空间规划体系刚性管控和弹性应对并重的特点。

强化规划纵向传导。加强对下辖6个市区及县级规划单元（即嘉兴市区、嘉善县、平湖市、海盐县、桐乡市、海宁市）的刚性管控和传导。重点管控内容包括各镇主体功能定位、生态保护红线、永久基本农田面积、城镇开发边界、历史文化保护线、区域性基础设施廊道等。加强对县级规划合理建议和指引，包括战略定位、城镇格局、产业平台、风貌管控等方面的引导，保障市域一体化发展。

统筹规划横向传导。空间类专项规划采用清单式管理，未纳入清单的原则上不再编制空间类相关专项规划。专项规划应严格遵照总体规划确定的目标、空间安排和成果进行国土空间基础信息平台"一张图"核对，纳入数据库平台管理。

（3）实施主体功能区配套政策。

依据乡镇级行政区主体功能定位，分解落实相关约束性指标，推动主体功能区战略在国土空间规划中逐级传导落地。研究完善自然资源配套政策,细化完善财政、产业、投资、人口、生态环境、农业农村等方面主体功能区配套政策。结合高质量综合绩效考评制度,建立健全符合不同主体功能区导向的差异化绩效考评制度。结合国土空间规划实施评估,开展主体功能区动态监测评估。结合国土空间规划修编,动态完善主体功能区名录。

4.2.3.2　健全法规标准和政策保障

完善国土空间规划法规政策体系。充分发挥市级人大立法作用,制定国土空间总体规划配套实施条例、法规、规范,确保国土空间规划管理全面纳入法治轨道。健全依法决策的体制机制,把公众参与、专家论证、风险评估等纳入规划决策的法定程序。深化研究和制定重点领域和重点地区的相关法规,及时修订相关技术规范,推动与规划实施相关的各行业技术规范在理念、标准等方面的互相衔接。

建立健全国土空间规划标准体系。衔接国家和浙江省国土空间规划技术规范,针对规划事权管理范围出台技术规范,健全国土空间规划编制技术标准体系。落实并深化国土空间总体规划编制与实施管理技术标准、村庄规划以及专项规划与其他详细规划编制与实施管理技术标准。

4.2.3.3　建立统一国土空间信息平台

形成全域国土空间数字化底图,构建全市统一共享的国土空间基础信息平台。以基础地理信息成果和全国国土调查成果为基础,采用全国统一的测绘基准和测绘系统,统筹地理国情、森林、草原、水、湿地、海洋等专项调查和相关评价数据,融合人口经济社会等相关空间数据,积极纳入县、镇多级底板数据,多部门基础数据,形成覆盖嘉兴市全域、上下贯通、动态更新、权威统一、三维立体的国土空间数字化底板。

构建国土空间规划"一张图"信息平台。依托时空大数据平台,以国土空间基础信息平台为底板,完成市、县、镇三级国土空间规划和村庄规划成果逐级汇交和入库,统一质检确保成果数据图数一致、坐标吻合、上下一体,并将详细规划和相关专项规划成果整合叠加后向市级平台汇总,建成市县镇通用、信息全面、权威统一的全市国土空间规划"一张图"实施监督信息系统。以数字化改革为牵引,以"一个口子出、一个口子进"的原则,将规划数据管理贯穿编制、审批、实施到监测评估的空间规划全生命周期。最终基于国土空间规划"一张图"实施监督信息系统实现对现状感知、规划编制、规划审批、规划实施、监测评估预警及公众服务等国土空间治理的全流程在线管理。

4.2.3.4 构建全生命周期规划实施保障机制

规划实施管理体系。强化总量管控,对规划控制性指标进行严格管控,不得突破规划确定的耕地和永久基本农田保护任务、生态保护红线面积、建设用地规模等规划控制性指标。改进计划管理,推进"以存量定计划、以空间定计划、以占补定计划、以效率定计划",改进计划分配方式,加大区域统筹力度,保障规划稳定实施。落实边界管护,开展各类空间控制线划区定界工作,将各类重要空间管控边界落实到地块。健全用途管制,建立"详细规划＋规划许可"和"约束指标＋分区准入"管制制度,实施陆地海洋、地上地下、城镇乡村全域、全要素、全过程用途管制。健全规划、建设、管理"一体化"协同工作机制,前置建设和管理要求,抓好规划要求的落地和复核,通过项目初步设计审查、竣工验收等环节,确保规划得到精准落地实施。

规划动态评估调整机制。健全规划定期体检评估和修改机制。按照"一年一体检和五年一评估"要求,对嘉兴市国土空间总体规划中各类管控边界、约束性指标等的落实情况开展动态监测评估预警,加强规划过程性管理。根据评估结果,对国土空间规划进行动态调整完善,确需修改的,按规定程序报原审批机关批准。

公众参与的社会协同机制。建立全过程的规划公众参与制度。充分应用广播电视、新媒体、传统纸媒等多渠道宣传平台,加强对嘉兴市国土空间总体规划成果的舆论宣传,在规划的编制、审批、实施、修改和监督检查各阶段,向社会公开,广泛收集公众和社会各界对规划实施情况的意见和建议,发挥集思广益、公众监督的作用。

执法监督和考核机制。建立健全嘉兴市以及县(市、区)国土空间规划委员会制度,发挥对国土空间规划编制实施管理和重大问题的统筹协调、议事决策作用。建立规划编制、审批、修改和实施监督全程留痕制度,在国土空间规划"一张图"实施监督信息系统中设置自动强制留痕功能,确保规划管理行为全过程可回溯、可查询,及时发现和纠正违反国土空间规划的各类行为。健全规划监督、执法、问责联动机制,创新监督手段,强化监督信息互通、成果共享,形成各方监督合力。对违反规划要求、落实规划不力,造成严重损失和重大影响的单位及个人坚决严肃查处,依法追究责任。

4.2.4 规划内容:生态文明视角下开发与保护的全域全要素统筹

嘉兴市国土空间规划以生态文明为指导,聚焦国土空间开发与保护的矛盾,初步形成了生态优先、特色鲜明、符合实际的全域、全要素统筹的规划内容。

4.2.4.1 优化国土空间开发保护总体格局

(1)开展全域资源环境承载力与空间开发适宜性双评价。

以"双评价"为空间开发与保护的基础,以资源环境承载力确定开发与保护规模,以国土空间开发适宜性评价确定开发与保护的空间格局。

依托全域、全要素、全时序的资源环境承载力能力评价,以土地资源为约束条件,嘉兴市可承载的耕地用地规模为 2391.40 平方千米,可承载城镇建设用地规模为 3445.76 平方千米;以水资源为约束条件,嘉兴市可承载城镇人口 800 万～1125 万,可承载城镇建设用地规模为 988～1443 平方千米。根据评价结果,嘉兴市土地资源对农业生产和城镇建设的约束较小,需通过建设境外引水工程突破水资源对城镇建设的约束。

综合生态保护重要性、农业适宜性、城镇适宜性评价,嘉兴市均为城镇建设、农业开发适宜区和一般适宜区。全市陆域生态保护极重要区 109.6 平方千米,主要位于秀洲北部湿地、南北湖、九龙山、重要水源地;陆域生态保护重要区936.8 平方千米,主要位于市域北部湖荡区、九龙山及南北湖周边、平原河网及主干(县级以上)河道两岸保护管理范围、钱塘江河口(港口航道区)区域。海洋生态保护重要区主要位于钱塘江入海口及王盘山海洋公园。市域农业生产适宜区面积为 2066.3 平方千米,主要为等级高或较高的优质耕地,广泛分布于全市各地,占市域总面积的 48.9%;陆域城镇建设适宜区共 2683.6 平方千米,占63.6%,为地势平坦、工程地质环境稳定、区位优势度好的地段。

(2)统筹划定三条控制线,夯实国土空间规划基础。

优先划定永久基本农田保护红线。基于应划尽划、应保尽保的原则,严格落实国家、省要求,保质保量优先划定永久基本农田保护红线。将符合条件的耕地全部纳入耕地保护目标,将可以长期稳定利用的耕地优先划入永久基本农田,并落实到具体地块和图斑,确定边界、面积、土地分类、质量等级等信息,上图入库、落地到户。全市应划定面积不低于 1405.21 平方千米(210.78 万亩)的耕地和面积不低于 1271.75 平方千米(190.76 万亩)的永久基本农田。稳妥有序推进耕地功能恢复,积极增加耕地面积、提升耕地质量,力争到 2035 年,实有耕地面积不低于 1440.00 平方千米(216 万亩)。耕地和永久基本农田一经划定,未经批准不得擅自调整。

科学划定生态保护红线。按照生态保护红线划定要求,将整合优化后的自然保护地以及重要水源涵养、生物多样性维护、水土保持等生态功能极重要区、生态极敏感区统筹划入生态保护红线。至 2035 年,全市划定生态保护红线

525.05平方千米（78.76万亩），其中，陆域生态保护红线63.15平方千米（9.47万亩），海洋生态保护红线461.90平方千米（69.29万亩）。生态保护红线一经划定，未经批准严禁擅自调整。自然保护地边界发生调整的，依据相关批准文件，对生态保护红线做相应调整。

合理划定城镇开发边界。在优先划定耕地和永久基本农田、生态保护红线的基础上，顺应自然地理格局，避让永久基本农田、生态保护红线、自然灾害高风险区域等，促进集约内涵式发展，根据人口变化趋势和存量建设用地状况合理划定城镇开发边界，管控城镇建设用地总量，引导形成集约紧凑的城镇空间格局。至2035年，全市划定城镇开发边界1058.41平方千米，其中市辖区282.06平方千米、嘉善县142.27平方千米、平湖市143.46平方千米、海盐县112.57平方千米、桐乡市177.28平方千米、海宁市200.77平方千米。城镇开发边界一经划定，原则上不得调整。因国家重大战略调整、国家重大项目建设、行政区划调整等确需调整的，依法依规按程序进行。积极推进城镇发展由外延扩张向内涵提升转变，促进城镇空间与农业空间、生态空间有机融合，引导城镇空间合理布局。

针对生态保护红线与永久基本农田保护红线的重合问题，探索生态保护和基本农田"双保护"的政策，突出平原水乡地区农林特色；针对永久基本农田保护红线与城镇开发边界重合问题，尝试城镇开发和农业发展"双用途"管制方法，通过土地综合整治等方式优化耕地，逐步调整城镇开发边界内的永久基本农田。

（3）构建主体功能区规划体系，形成区域协同的主体功能区布局。

全面落实全省县（市）级主体功能区规划，明确南湖区、秀洲区、嘉善县、海宁市、桐乡市为城镇化优势地区，海盐县、平湖市为农产品主产区，其中，秀洲区附加功能为文化景观地区，海盐县、平湖市附加功能为海洋经济地区。

按照浙江省"5+2"主体功能区划分体系，以乡镇（街道）为基本单元，将国土空间主体功能细分为农产品主产区、重点生态功能区、生态经济地区、城市化优势地区、城市化潜力地区以及海洋经济地区、文化景观地区两类附加类型，形成承载多种功能、优势互补、区域协同的主体功能布局。

巩固农产品主产区格局。重点将粮食生产功能区所在乡镇划分为农产品主产区，共涉及14个乡镇。农产品主产区重点强化耕地和永久基本农田规模化、集中化建设，发展现代特色农业，综合提高农产品保障供给能力。

筑牢生态经济地区格局。重点将嘉善、秀洲北部水乡地区以及海盐南北湖所在乡镇划分为生态经济地区，共涉及5个乡镇。生态经济地区重点探索推动"绿水青山就是金山银山"转化，建立健全生态产品价值实现机制，充分挖掘江南水乡生态空间价值,实现特色化、差异化发展。

夯实城镇化优势地区格局。统筹市域城镇发展空间资源配置,重点将嘉兴市中心城区、各县(市)中心城区、强镇,以及嘉兴港区所在的街道(乡镇)划分为城市化优势地区,共涉及 31 个街道(乡镇),重点落实国家重大战略,积极引导人口、重大产业平台向城市化优势地区转移,以土地紧凑高效利用为导向,进一步提升区域竞争力。

完善城镇化潜力地区格局。推动块状经济转型升级,重点将城市化优势地区周边的小城镇划分为城市化潜力地区,共涉及 21 个乡镇,重点推动小城镇特色化发展,促进城乡高质量融合,实现经济新的增长极。

细化乡级主体功能附加类型。将海洋经济实力较强的 2 个镇(街)划为海洋经济地区。应进一步加快海洋产业集聚,助力打造海洋强省。将位列历史文化名镇或包含重要风景名胜区的镇(街)划为文化景观地区,强化文化景观地区的保护和利用。

主体功能区管控方面,全面落实国家、浙江省主体功能区管控机制,将主体功能区作为确定发展格局、用途分区、要素配置、绩效考核的重要依据。构建与主体功能定位相匹配的用途管制体系,差异化配置空间要素,保障空间发展格局的精准落地。协同市级多部门完善综合配套政策,优化主体功能实施机制。

(4)构建生态基底的市域国土空间总体格局。

市域国土空间开发总体格局是指导市域一张蓝图发展的基本依据。在充分承接省级发展廊道、遵照"双评价"成果、对接长三角一体化发展格局的基础上,应坚持生态优先的底线思维,整体上形成以生态结构为骨架,以集中连片的农业空间为本底,城乡一体发展的空间布局。构建"一核引领、三廊提升、一体发展"的市域国土空间总体格局。

一核引领。以打造实力型、创新型、枢纽型、品质型、活力型、开放型、智慧型城市为目标,通过中心城区空间结构优化与创新要素集聚提升,提高城市首位度,提升城区生活品质与吸引力,强化中心城区的引领带动能力。

三廊提升。中部提升城市能级和科技创新能力,加快发展 G60 科创走廊;南部提升产业融合和转型发展水平,加强湾北新区谋划,打造杭州湾北岸先进制造发展走廊;北部提升水乡田园文化特色,形成生态绿色发展走廊。

一体发展。以接沪协同区、临杭协同区为重点,以长三角生态绿色一体化发展示范区为主体,深入全面推动嘉兴市融入长三角一体化发展。加快以南湖、平湖、嘉善为重点的"两湖一嘉"一体化先行区建设。

(5)优化国土空间规划用途分区,促进海陆统筹规划。

生态保护区。全域划定生态保护区占市域面积的 9.15%。生态保护区主要包括具有特殊生态功能或生态环境敏感脆弱、必须保护的自然区域,即生态保护红线范围。鼓励开展有助于生态功能稳定和提升的相关生态修复活动,严格限制农居点、耕地、基础设施等非生态功能的生产生活活动范围,引导有条件地区内非生态功能的建设用地和零星耕地逐步退出。

生态控制区。全域划定生态控制区占市域面积的4.45%。生态控制区主要包括生态保护红线外的生态重要和敏感区域,主要为重要湖泊、湿地、林地集中分布区域,主要分布在北部湿地、湘家荡、贯泾港、白荡漾、南部沿湾湿地、南北湖等地。生态控制区以生态保护与修复为主导用途,原则上应予以保留原貌,强化生态保育和生态建设、限制开发建设。在不影响生态功能、不破坏生态系统且符合空间准入、强度控制和风貌管控要求的前提下,可进行适度的开发利用和结构布局调整。加快实施生态修复工程,优化生态格局。

农田保护区。全域划定农田保护区占市域面积的22.16%。农田保护区以永久基本农田集中分布区域为主,重点用于粮食生产。符合法定条件的重点项目难以避让永久基本农田的,必须进行严格论证并按照有关要求调整补划。强化生态保育和生态建设、限制开发建设活动,严控农业面源污染。根据实际实施生态修复工程,提升农田生态复合功能,保护嘉兴市水乡田园文化特色。在依法依规的前提下可开展适度开发利用和用地布局调整,严格限制垦造耕地项目,经评估有利于提升生态功能的,可依相关规划开展。

城镇发展区。全域划定城镇发展区占市域面积的18.44%,为城镇开发边界围合的区域。城镇发展区主要用于城镇建设,是开展城镇开发建设行为的核心区域。城镇发展区针对其中的城镇集中建设区、弹性发展区、特别用途区等划定二级规划分区并进行管控。城镇开发边界内的各项建设实行"详细规划+规划许可"的管制方式,城镇开发边界外禁止新设立各类城市新区、开发区和工业园区。

乡村发展区。全域划定乡村发展区占市域面积的19.62%,主要包括农田保护区以外的耕地、园地、林地等农用地,农业和乡村特色产业发展所需的各类配套设施用地,以及现状和规划的村庄建设用地等。乡村发展区应以促进农业和乡村特色产业发展、改善农民生产生活条件、保护传统村落特色为导向,根据具体土地用途类型进行管理,统筹协调村庄建设、生态保护,有效保障农业生产发展配套设施用地,乡村发展区内严禁集中连片的城镇开发建设。在符合国土空间规划和其他相关规划的前提下,村庄建设区规划宅基地,农村公共服务设施、交通市政基础设施、农产品加工仓储、农家乐、民宿、创意办公、休闲农业、乡村旅游配套设施等农村生产、生活相关用途的用地,一般农业区严格控制农业设施建设用地转化为非农建设用地,农田整备区鼓励开展耕地质量提升、旱地改水田等项目,提升耕地质量,林业发展区内的经济林地鼓励推行集约经营、农林复合经营,在法律允许的范围内合理安排各类生产活动,最大限度地挖掘林地生产力。原则上禁止大型工业园区、大型商业商务酒店开发等大规模城镇建设用途。

渔业用海区。全域划定渔业用海区占市域面积的 9.96%,主要分布在海盐、平湖增养殖区级捕捞区等以渔业基础设施建设、养殖和捕捞生产等渔业利用为主要功能导向的海域,未涉及无居民海岛。渔业用海区应严格限制改变海域自然属性,合理控制养殖规模和密度,支持集约化海水养殖发展。

交通运输用海区。全域划定交通运输用海区占市域面积的 6.85%,主要分布在海盐、乍浦和独山 3 个港口区以及海盐港区进港、乍浦至杭州、杭州湾南、杭州至外海、独山港区进港和上海石化煤运 6 个航道区等以港口建设、路桥建设、航运为主要功能导向的海域和无居民海岛。交通运输用海区可结合海洋水动力环境、岸滩及海底地形地貌等分析,合理安排港口、路桥等基础设施及临港配套设施用海,维护航运水道、锚地水域功能,保障航运安全。允许适度改变海域自然属性,并且在不影响交通运输基本功能的前提下,兼容其他用海区。

工矿通信用海区。全域划定工矿通信用海区占市域面积的 1.74%,主要分布在秦山核电工业区,嘉兴 1 号、嘉兴 2 号风电可再生能源区等以临海工业利用、矿产能源开发和海底工程建设为主要功能导向的海域和无居民海岛。工矿通信用海区应严格论证围填海活动,合理布局临海工业、矿产能源开发和海底工程建设;重点保障油气资源勘探开发的用海需求,支持海洋可再生能源开发利用;新建核电、石化等危险化学品项目应远离人口密集的城镇。

游憩用海区。全域划定游憩用海区占市域面积的 0.27%,主要分布在九龙山和白塔山附近以开发利用旅游资源为主要功能导向的海域和无居民海岛。游憩用海区应有序利用海岸线、海湾等重要滨海和海上旅游资源,合理控制旅游开发强度,严格限制改变海域自然属性。保护海岸自然景观和沙滩资源,严格限制占用自然岸线的行为。游憩用海区应根据研究确定的游客容量,合理安排旅游基础设施等游憩用海。

海洋预留区。全域划定海洋预留区占市域面积的 0.16%,主要分布在海盐毛灰礁及周边海域预留区和海盐海洋预留区。海洋预留区在未明确基本功能前,在控制开发利用强度和规模的前提下,适度准入对生态影响较小的民生性、公益性基础设施项目、线状管廊设施以及与邻近功能区相关联的用海活动,未转化功能前不得新增规模化仓储、工矿和养殖产业;未明确基本功能前,严格限制改变海域自然属性。在省级以上重大项目存在开发利用需求时,海洋预留区要明确基本功能,经过严格论证后可整体或部分转化为其他功能类型,转化后的功能区按照对应类型的管控要求进行管理,未转化的部分继续实施预留区管理。

其他保护利用区。全域划定其他保护利用区占市域面积的 7.20%。矿产利用区内鼓励生态修复和生态建设工程,逐步撤出不符合准入规则、影响矿产能源勘探和开采的功能。区域基础设施集中区主要为城镇开发边界外块状基础设施区域,包括莲花机场等区域。特殊用地集中区是城镇开发边界以外,具有军事、宗教、安保、殡葬等特殊功能的用地集中区。

（6）优化用地用海结构。

用地结构优化。以保护补充耕地、优化其他农用地、合理保障管控建设用地、稳定其他用地为导向,规划期间,耕地比重由现状 24.48% 提高到 25.09%,园地比重由现状 7.29% 降低至 5.08%,林地比重保持稳定,建设用地比重由现状 24.97% 提升至 27.36%,其他用地比重由现状 14.15% 降低至 14.06%,基本保持稳定。

建设用地结构优化。坚持存量规划导向,合理管控建设用地总量,推动新增建设用地与盘活存量土地相挂钩、城镇建设用地增加与农村建设用地减少相挂钩。规划期间,城镇建设用地、村庄建设用地、区域基础设施用地、其他建设用地占用地总面积的比重分别由 11.91%、10.18%、2.53%、0.34% 调整为 14.76%、9.33%、2.91%、0.36%。

稳定用海结构。渔业用海、交通运输用海、工矿通信用海、特殊用海、其他海域比重分别为 8.56%、0.43%、7.11%、0.02%、10.06%,规划期内保持稳定。

4.2.4.2 加强耕地保护工作,推进乡村振兴

（1）落实耕地"五位一体"保护,严守耕地保护红线。

全面查清耕地后备资源,以第三次全国国土调查和历次国土变更调查成果为基础,构建耕地后备资源分类评价指标体系,形成集面积、类型和分布于一体的全市耕地后备资源潜力数据。突出对耕地资源的引领性、建设性、管控性、激励性、创新性保护,实现耕地数量、布局、质量、产能和生态"五位一体"保护。

严格落实耕地保护任务,实现耕地占补进出平衡。一是严格落实耕地占补平衡。严格落实耕地数量、质量、生态、产能等占补平衡,实现"占水补水、占优补优"。坚决遏制耕地"非农化",按照不占或尽量少占优质耕地原则,耕地建设占用系数控制在 70% 以内(不含即可恢复),建设占用耕地面积不高于 81.29 平方千米。以严格落实耕地和永久基本农田保护任务为前提,以园地、坑塘等耕地后备资源为基础,统筹推进建设用地复垦,拟补充耕地 82 平方千米,补充耕

地平均质量等级为 5 等,主要分布在海宁、桐乡等县市区。二是严格落实耕地进出平衡。规范引导耕地进出平衡,合理引导农业结构调整,确保耕地特别是长期稳定耕地数量不减少。严格落实耕地用途管制,防止耕地"非粮化",优先将"百千万"永久基本农田集中连片整治范围内的可恢复地类整治恢复为耕地,稳妥有序推进耕地功能恢复,拟恢复实施 100 平方千米,其中近期拟恢复实施 50 平方千米,主要分布在海宁、桐乡等县市区。

统筹优化耕地布局,提高耕地集中连片度。通过土地综合整治,探索推进永久基本农田、粮食生产功能区和高标准农田"三区合一",促进耕地集中连片。一是深化推进百千万永久基本农田集中连片建设。以嘉北片、嘉中南片、嘉东南片三片永久基本农田集中保护区为本底,突出保护已建成高标准农田、粮食生产功能区等各类优质耕地资源,全面形成以百亩田、千亩田、万亩田为基础,以高标准农田为质量标准,以规模化高效节水灌溉为主体的高质量保护永久基本农田新格局,至 2035 年,共打造 200 个"百千万"工程,其中万亩方 7 片。二是积极探索永久基本农田调优机制。探索空间规划编制、土地综合整治实施与更高质量永久基本农田集中连片保护、永久基本农田储备区、优化区(空间格局优化拟占的区域)以及"双用途"管制等路径,将现状永久基本农田周边的农用地、零散耕地和零星建设用地纳入永久基本农田整备区,规划拟划定 190 平方千米。对达到永久基本农田标准的,按"边整治边验收边补划"的方式,在"规模不减、质量提高、布局稳定、生态改善"的原则下,逐步置换优化区内现状永久基本农田。

完善农田配套设施,深度提升耕地质量。一是持续推进高标准农田建设。建设高颜值、高质量、高效益的高标准农田,规划至 2035 年逐步把永久基本农田全部建成高标准农田;大力推进农田水利等配套设施建设,构建以规模化高效节水灌溉工程为核心的高品质农田水利基础设施配套体系;完善田间道路系统,优化田间道路、生产路布局,保障农业机械通行,提高农业现代化条件,至 2035 年,水稻耕种收综合机械化率达到 90%。二是深度开展耕地质量建设。至 2035 年,规划在永久基本农田保护区、永久基本农田整备区等水源有保障的区域内稳步开展旱地改水田,提高耕地中水田比例;结合农业地质调查质量建档工程、土壤污染调查成果,建立剥离耕作层土壤资源数据库,耕作层土壤剥离优先用于整治新增耕地、废弃河道填埋、污染土地修复、中低产田改造等。三是强化完善土地质量监管。继续深化土地质量地质调查建档及成果应用,实现市域土地质量地质调查成果与浙江省农产品质量安全追溯平台对接全域覆盖。继续推进永久基本农田土地质量(地质环境)监测网并完善建立土地质量地质信息管理系统,为永久基本农田保护与合理利用、耕地综合生产能力评价深化服务,实现农田质量的全面监管。

创新耕地保护机制,强化农田产能储备。充分发挥省域空间治理数字化平台2.0作用,深化耕地保护数字化改革,"智慧国土天眼"迭代升级为"耕地视联智保",全面推行耕地"田长制",全面提升耕地智保水平;建立规划引领的耕地保护全生命周期监管体系,构建与布局优化相适应的耕地占补平衡机制,积极探索完善耕地产能占补平衡机制,强化农田产能储备,不断提升农田产能水平。

推进美丽田园建设,打造绿色农田示范区。一是推进农业发展模式绿色化,建设水乡特色新田园。按照"因地制宜、点面结合、建管并重、标本兼治"的要求,坚持重点突破和整体推进相结合,转变农业发展方式,推广绿色高质高效种养模式,实施农田退水"零直排"工程,推动农业绿色发展、循环发展、融合发展,提升田园"洁化、绿化、美化"水平,打造一批"产业布局科学、基础设施完善、农业生产清洁、田园环境整洁、农业功能拓展",具有嘉兴市特色、水乡之美的美丽新田园。二是优化农业生产设施技术,构建农田长效管护机制。通过优化农田基础设施、加强耕地地力建设、保护农业生态环境、强化生产综合利用、推进农业科技创新、建立长效管护机制等手段,积极推进绿色农田建设,着力打造一批设施齐全、土壤肥沃、科技先进、高产高效、绿色生态的高质量高标准农田样板区;着力构建常态长效管护机制,加强用途管控,不断提升农田建设、利用、管护水平,为稳定粮食生产、促进农业高质量发展夯实基础。

(2)保护现代农业空间格局,建设现代化农业平台。

强化"三片七区四带"的现代农业空间格局。一是夯实耕地保护集中区本底。结合现状种植结构、地形地貌特征,大力夯实东部耕地保护与精品农业、中西部耕地保护与特色农业、北部耕地保护与生态产业三大耕地保护集中区本底。二是加强农业经济开发区示范引领。强化南湖七星、秀洲油车港、嘉善魏塘、平湖广陈、海宁黄湾(尖山新区)、海盐通元、桐乡石门7个农业经济开发区示范引领。三是培育特色农业发展带功能亮点。培育东部临沪农业发展带、北部生态农业发展带、西部传统农业发展带、湾区特色农业发展带4条特色农业发展带。

建设响应生态文明理念的高质量现代化农业产业平台。通过优化产业布局、延伸产业链条、拓展农业功能,打造主导产业强、生态环境美、农耕文化深、农旅融合紧的高质量农业产业平台。一是突出农业经济开发区引领。探索发展具有嘉兴市特色、省内首创的农业经济开发区模式,每个县市区按照高标准建设一个农业经济开发区,用"二产的理念、三产的思维"发展高效生态农业,着力打造生态高效农业发展的样板基地、产业融合发展的引领之地。二是推进现代农业园区和特色农业强镇建设。至2035年,全市培育建成桐乡市运北、南湖区湘家荡等15个以上现代农业园区以及海宁市长安花卉、平湖新埭果蔬、秀洲区油车港菱果等20个以上特色农业强镇，培育市级以上农业龙头企业250家。三是实现农业提质增效。积极探索农业"标准地"改革，提升农田质量效益，加快"万亩千吨"农田建设。促进土地经营权全域流转，建立市场带龙头、龙头带基地、基地联农户的农业产业化推进模式，逐步形成以家庭承包经营为基础，适度规模的家庭农场、专业大户为骨干，以农民合作社、农业产业化龙头企业为纽带的农业适度规模化经营模式。提高农业科技水平，引导田园综合体创建，打造农业产业大平台。

（3）推进乡村振兴战略，建设宜居宜业和美乡村。

保障乡村振兴用地。以落实永久基本农田、耕地保护任务为底线，村民住宅建设用地计划指标实行单列管理，做到应保尽保；依据现代农业发展需求和规划，加强农业产业融合用地、设施农业用地布局引导，建立用地弹性管控机制，分区分类、合理保障农村一、二、三产业融合用地、设施农业用地，规划安排不少于10％的建设用地指标，重点保障乡村产业发展用地。

保障农民建房用地。依法加大农村村民住宅建设用地保障力度，通过"计划单列、专项管理"等方式保障落实规划安排的新增农民建房用地；规划实施期间，通过"详细规划＋规划许可""约束指标＋分区准入"的管制方式，妥善保障零星新增农民建房用地，并及时响应、更新、完善规划数据库。

优化村庄布点体系。以乡村振兴战略为指引，以村庄分类引导为抓手，全面优化村庄体系，推进全市村庄体系由"1＋X＋Y"逐步向"1＋N"过渡，构建耕地集中连片、产业多元发展、配套服务完善、农居特色鲜明的嘉兴市特色村庄格局。推进"多规合一"实用性村庄规划编制，鼓励有条件的村庄、片区优先编制，有效指导村庄特色化发展。

开展和美乡村联创联建。坚持守正创新，整合原有的新时代美丽乡村、精品村、特色精品村、未来乡村创建，推进强村与富民，硬件建设与软件提升，改善人居环境与优化公共服务、乡村建设与乡村经营并重，围绕"环境和好、产业和融、人文和润、社会和治、生活和谐"建设宜居宜业和美乡村，推动全域共富、城乡共美的"未来嘉乡"。

（4）创新运作机制，落实土地综合整治行动。

加快推进土地综合整治行动。按照全省统一部署，遵循山水林田湖草系统治理的理念，编制土地综合整治行动计划，实施一批集空间优化、生态优良、功能丰富、价值实现于一体的项目，推动规划实施。保障农民权益，鼓励村级组织作为实施主体开展土地综合整治，积极探索"抱团飞地"等模式，发展壮大村集体经济。持续深化打造5个国家级试点工程，力争完成土地综合整治项目

65 个。

丰富土地综合整治内容。以优化、盘活、修复、提升为导向,统筹推进农用地优化提升、村庄优化提升、低效工业用地及城镇低效用地整治和优化提升、生态环境优化提升等重点整治内容,实现土地综合整治最大效益。规划期内完成200 个百千万永久基本农田集中连片整治工程,建成集中连片整治耕地 266.67平方千米,复垦农村建设用地 79.46 平方千米,完成垦造耕地 40 平方千米,整治盘活低效建设用地 18 平方千米。

统筹推进土地综合整治。以打造乡村振兴、城乡融合发展示范窗口最精彩模块为目标,以 5 个国家级试点项目为核心,以高质量推进跨乡镇土地综合整治项目为亮点,以高水准推进乡村土地综合整治项目为基础,争取每年获评 2个以上省级精品工程,持续打造土地综合整治"金名片"。

实施创新运作机制。以"创新机制、构建体系、提升能力"为总体目标,强化数字化改革引领,积极探索强化分片区推进、市场化推进、一体化推进等运作模式,推动土地综合整治向高效智治转变。其中,分片推进土地综合整治,即统筹划定北部湖荡土地综合整治区、南部滨海沿湾土地综合整治区、东部田园土地综合整治区以及西部田园土地综合整治区四大分区,并划定 12 个重大整治集中片,实现土地综合整治项目的分片推进。

4.2.4.3　优化生态空间格局,实施生态系统修复

(1)严格生态保护红线管理,完善自然保护地体系。

严格落实国家和浙江省的生态保护红线管理要求,生态保护红线内按自然保护地核心保护区和其他区域进行分类管控。自然保护地核心保护区原则上禁止人为活动;其他区域禁止开发性、生产性建设活动,在符合现行法律法规前提下,除国家重大战略项目外,仅允许开展对生态功能不造成破坏的有限人为活动。在不对生态功能造成破坏的前提下,允许在生态保护红线内、自然保护地核心保护区外,依法开展考古调查、勘探、发掘和文物保护活动。对于生态保护红线内已存在的不符合准入要求的人为活动,结合实际制定退出计划,明确退出时限、补偿安置、生态修复等要求。生态保护红线管控范围内有限人为活动涉及新增建设用地、用海用岛审批的,需省级政府出具符合生态保护红线内允许有限人为活动的认定意见。

基于生态系统原真性、完整性、系统性及其内在规律,科学确定自然保护地类型,切实强化自然保护地管理。规划建设 8 处自然保护地(表 4-1),根据省统一部署,继续推进全市自然保护地整合优化,按时序完成自然保护地整合优化、勘界立标等阶段性任务。指导做好自然保护地融合发展示范镇(村)培育建设,

推进省级以上自然保护地生物多样性长期监测样地建设。开展"绿盾"自然保护地监督检查专项行动,加强自然保护地疑似违法图斑核查和整改。按照《浙江省自然保护地建设项目准入负面清单》,切实加强自然保护地建设项目管控。

表 4-1　嘉兴市自然保护地名录

保护地类型	名　　　称	保护地范围所在行政区	级　　别
自然公园	浙江嘉兴运河湾国家湿地公园	秀洲区	国家级
自然公园	浙江嘉兴石臼漾国家城市湿地公园	秀洲区	国家级
自然公园	浙江秀洲麟湖省级湿地公园	秀洲区	省级
自然公园	浙江九龙山国家森林公园	平湖市	国家级
自然公园	平湖市王盘山省级海洋自然公园	平湖市	省级
自然公园	南北湖省级风景名胜区	海盐县	省级
自然公园	浙江长水塘省级湿地公园	海宁市	省级
自然公园	浙江桐乡白荡漾省级湿地公园	桐乡市	省级

(2)优化生态空间格局,保护水乡特色生态空间。

构建以水乡田园为本底、以蓝绿廊道为脉、海陆统筹的全域全要素生态系统,形成"两横九水多脉"的市域生态网络空间格局。

保护两条横向生态带。市域重点保护北部湿地生态带和南部沿湾生态带。北部湿地生态带以长三角生态绿色一体化发展示范区、运河湾国家湿地公园为引领,突出对水乡湿地生态系统的整体保护,展现"人—水—田—镇—村"和谐共生的水乡生态体系;南部沿湾生态带以九龙山国家森林公园、南北湖风景名胜区、钱江潮源湿地公园为重点,保护沿杭州湾及沿钱塘江重要生态资源,保护海陆协调共生的特色生态系统。

保育"九水多脉"特色生态空间。保护以大运河生态文化走廊为重点,保育包括杭州塘、苏州塘、新塍塘、长水塘、海盐塘、平湖塘、嘉善塘、长纤塘、长中港在内的九条放射状水系,保护九水形成的独特的蛛网状水系生态廊道。挖掘嘉兴市水乡圩田聚落生态价值,保护塘浦与湖荡区独特的农田、村落与水共生、临水而居的空间关系,保护重要水面,修复受损水空间,建设湖荡群相互联通工程,促进水体有序流动。将全市千亩以上湖荡纳入市级生态管控名录,通过县(市)国土空间规划严格保护其水域范围,严禁填湖造地,严控湖荡生态水体质量,保护湖荡水体。市域范围控制河湖水面率不低于 3.5 千米/平方千米,水域面积占陆域国土面积比例不低于 11.47%。促进陆海生态系统统筹,构筑绿色海岸带,保护湖海沟通、水脉相连的滨海生态空间。

（3）落实生态系统修复工作，推进生态整治工程。

按照自然恢复为主、系统干预为辅的方针实施国土空间生态修复。

在生态修复分区方面，结合市域自然地理格局、生态适宜性评价、生态系统退化程度评价等，细化落实省级规划提出的北部平原生态修复区、杭州湾河口整治修复片，将市域划分为北部湖荡生态修复区、南部滨海沿湾生态修复区、东部水乡田园生态修复区、中部水乡田园生态修复区、西部水乡田园生态修复区、城镇生态修复区、海洋生态修复区七片生态修复分区。北部湖荡生态修复区重点开展湿地生态质量和功能提升、水生态环境提升，统筹推进零星建设用地复绿，积极支持区域各类生态设施建设，加强城市防洪及排涝安全等；南部滨海沿湾生态修复区重点开展滨海沿湾湿地修复，加强森林生态系统功能提升，深化矿山修复与综合利用，统筹引导港口、工业园区建设和生态旅游发展；水乡田园生态修复区重点深化推进永久基本农田集中连片整治及土地综合整治工程，完善农田基础设施配套，推动土地适度规模经营，提高农业生产效率；城镇生态修复区重点开展城镇低效用地再开发、城市有机更新，推进海绵城市建设、低碳无废城市建设，不断提高用地集约节约水平，实现城镇品质提升；海洋生态修复区重点开展河口海湾修复、自然岸线修复和生态系统保护修复、生态海岸带建设等，保护修复珍稀濒危生物栖息地。

在生态修复重大工程方面，加强统筹谋划，重点推进土地综合整治工程、永久基本农田集中连片整治工程、农田生态整治工程、"美丽海湾"建设工程、森林生态系统功能提升工程、湿地生态质量和功能提升工程、水生态环境保护修复工程、矿山修复与综合利用工程、城镇空间品质提升工程、生态修复治理能力提升工程十大生态修复工程。

（4）促进生态产品价值转化，实现"双碳"规划发展目标。

构建生态产品价值转换实现机制。依托自然资源确权登记信息数据库建设，实现自然资源资产登记的系统管理和信息共享。探索建立核算考核体系，培育生态产品价值，完善行政区域单元生态产品总值和特定地域单元生态产品价值评价机制及核算标准。建立生产产品认证、供给标准体系，通过创新权能促进要素流动，健全林权、水权、用能权、碳排放权、排污权等产权市场交易体系，形成生态产品经营开发机制。探索将生态产品总值指标纳入高质量发展综合绩效评价，将其作为领导班子和领导干部绩效考核、领导干部自然资源资产离任审计的重要参考。

构建"双碳"目标实现机制。一是突出以湿地、林地、海洋为主体的生态碳汇空间。强化湿地、林地和海洋生态系统碳汇功能，全面保护和提升全域各类自然资源生态系统碳汇能力，形成高水平、复合型、网络化的生态碳汇发展格局。重点依托湿地公园等自然公园和公益林、商品林密集地区,形成全市湿地、林地碳汇空间。强化海洋空间自然碳汇能力,坚持海岸带生态系统保护修复与固碳增汇协同增效,加快海洋牧场建设,提高海洋渔业固碳能力。二是促进城乡绿色低碳发展。探索实施双碳集成重大改革,推动光伏、风电、氢能等清洁能源规模化应用,加快推动核能综合利用向产业延伸,支持海盐核能供暖和零碳未来城建设。推动制造业智能化、绿色化改造全覆盖,坚决遏制高耗能、高排放项目盲目发展,精准开展高耗低效企业整治。三是建立绿色低碳全过程管控体系。建立调查、审批、评价、监测预警的全流程碳汇管控系统,在规划许可中细化落实绿色低碳的用途管制要求,在土地出让规划条件中明确绿色建筑等碳减排要求,并将其作为规划核实的重要内容。自然资源调查监测指标中纳入碳排放等相关指标,健全碳汇调查评价监测体系和核算方法,加强动态监测评估预警。

4.2.4.4 统筹城镇开发与保护,打造现代化特色韧性城市

城镇空间规划方面,嘉兴市明确了至 2035 年常住人口规模达 700 万～765 万的目标,同时要求合理提升人口承载能力,优化人口结构;明确至 2025 年城镇化率达到 75%,2035 年达到 80% 左右的目标,稳步推进高质量城镇化。规划构建"一大、六中、三十四特"三级城镇等级规模体系,构建综合型中心城市、县市域中心、特色型城镇的职能体系。根据各城镇的发展条件、资源特色以及发展现实,引导各层级城镇职能分工。

以国家批复的城镇开发边界为底板,参照社区、村庄边界,统筹中心城区重大平台边界,在考虑机场、湖泊的完整性,兼顾道路、河流等线性空间的基础上,统筹所有街道、余新镇区、油车港镇区、嘉兴工业园、嘉兴高新区、空港等重点功能区域,划定中心城区规划范围 385 平方千米,划定中心城区控制范围 843 平方千米。至 2035 年,中心城区常住人口规模约 160 万,实际服务人口规模约 200 万,中心城区建设用地控制在 180～200 平方千米。

(1)强化城镇开发边界管控,制定城镇开发边界管控规则。

严格城镇开发边界管控。在城镇开发边界内,一般实行"详细规划+规划许可"管制方式,并加强与城市蓝线、绿线、黄线、紫线、橙线、道路红线等控制线及基础设施廊道、通风廊道、景观廊道等的协同管控。在城镇开发边界外,不得进行城镇集中建设,不得设立各类开发区,实行"详细规划+规划许可"或"指标约束+分区准入"管制方式。

在城镇开发边界内划定城镇集中建设区、弹性发展区、特别用途区。集中建设区内新增城镇建设用地不超过上级下达的指标。鼓励在城镇开发边界内

实施战略留白,战略留白区应纳入集中建设区管理。应根据实际功能归类梳理集中建设区内的园地等绿色开敞空间,按公园绿地管理。根据实际情况,弹性发展区应落实城乡建设用地增减挂钩指标,通过指标置换可将弹性发展区部分区域调整为集中建设区。应将与城镇关系密切的山体、水域等划分为特别用途区,实行整体规划、统一管理,并衔接协调自然公园、历史文化遗址、城市通风走廊等管控要求。特别用途区不得开展城镇集中建设行为,不得新增除市政基础设施、交通物流基础设施、生态修复工程、必要的配套及游憩设施外的其他城镇建设用地。弹性发展区、特别用途区建设用地潜力规模实行单列。

探索在城镇开发边界内实施"双用途"管制。针对永久基本农田和城镇开发边界重叠问题,以城镇开发和农业发展"双用途"管制为基础,利用储备区逐步优化的方式破解冲突的问题。将未来可能变化的空间用途标注为"双用途",允许将城镇集中建设难以避让的少量永久基本农田划入城镇开发边界,在规划期内通过土地综合整治等方式,在城镇开发边界外形成集中连片的优质新增耕地,逐步将城镇开发边界内的永久基本农田调出,不断提高永久基本农田的质量水平。永久基本农田按规定调整到位前,城镇开发边界内所涉地块按永久基本农田管理。

(2)优化城镇建设用地结构与布局,鼓励建设用地集约节约利用。

调整优化城镇建设用地结构。城镇建设用地占用地总面积的比重由11.91%调整为14.76%,按照"框定总量、优配增量、挖潜存量、提升质量"的总体要求,结合人口变化、主体功能定位等合理确定建设用地和城镇建设用地规模。重点优化中心城区用地结构。合理调控城镇居住用地规模,实现职住平衡;积极推进城市开发边界内存量工业用地"二次开发"和开发边界外低效工业用地减量;合理增加交通运输用地;合理引导市政设施复合利用。规划城镇居住用地、公共服务设施用地、商业服务业用地、工业和仓储用地占城镇建设用地的比例分别为29%、9%、10%、30%,规划绿地与开敞空间用地面积约20平方千米(其中城镇开发边界内约18平方千米),扩大公园绿地规模。

持续优化城镇用地布局,充分发挥各类用地功能和综合效益,促进城镇土地集约高效和可持续利用。重点优化中心城区城镇用地布局。优化居住用地布局,完善社区公共配套;引导公共服务设施混合布局,结合"一心两城三板块"空间结构,提升"一心"公共服务核心和高水平极核,完善高铁新城和运河湾新城的公共服务设施配套;引导商业服务业用地在"城市中心、特色主中心、片区中心"集中布局,结合社区生活圈完善15分钟商业服务业设施;以嘉兴高新技术产业开发区、嘉兴南湖高新技术产业园区、嘉兴经济技术开发区等重大平台为载体,引导工业用地向工业集聚区集中;优化绿地空间布局,建设点、线、面合理布局的城市公园体系;突出交通骨架引导作用,以区域交通廊道引导空间布局,优化对外交通设施用地;优化市政设施布局。

精准有效配置新增指标,实现"优地优用"。新增城镇建设用地指标向城市重点发展地区、战略平台倾斜,结合城镇人口变化趋势,优先保障重大战略地区用地需求。对超过用地标准的区域,实行差别化管控制度,严格控制新增城镇用地规模。新增建设用地空间配置衔接各专项规划,重点保障"十四五"期间重大基础设施、基本民生等用地需求,坚持土地要素跟着项目走、项目跟着规划走,实行差异化、精准化配置。此外,为应对城市重大战略不确定性,将规划期内不开发或特定条件下开发的用地空间作为战略留白。严格落实土地储备考古前置工作,处理好文物保护与土地开发之间的关系。

实现建设用地节约集约利用。加大存量挖潜力度,推进建设用地混合开发和空间复合利用,强化待开发闲置地块管理工作,提高土地开发利用效率。积极探索渐进式、可持续的城市有机更新模式,实施重要功能片区、低效产业片区、老旧住区等有机更新工作,加强对工业遗产的开发利用,推动土地利用方式由外延粗放式扩张向内涵式效益提升转变。鼓励城镇建设用地复合利用,探索商业、办公、居住、公共设施与市政基础设施等用地的集约复合开发,引导工业园区和居住社区的融合发展。加强各类基础设施走廊的综合设置,重点推进轨道交通场站周边地区以及地下空间的综合开发利用。在保障土壤安全和环境品质的前提下,鼓励工业用地混合使用。

(3)明确中心城区重要控制线,严格落实规划开发建设管理工作。

明确中心城区绿线、蓝线、黄线、紫线、橙线、道路红线等重要控制线,按照相应管理方法进行规划开发建设。

将现有的及规划明确的结构性绿地和重要公园划定为重点城市绿线。将九水沿线及中心城区重要的综合公园专类公园划入城市绿线。其他公园绿地、防护绿地等绿线由专项规划和详细规划依据《城市绿线管理办法》具体划定。城市绿线范围内的用地,严格按照国家和省市有关法律法规和《城市绿线管理办法》进行规划开发建设。因市政基础设施、公共设施建设等需要修改绿线的,应遵循区域绿地规模总量不减少、服务半径不增加、绿地系统完整的原则。

重点城市蓝线包括主干河流临水线和规划的河湖水域控制线。规划划定现状且规划保留的主干河流水系、湖泊,规划预控的外环河、苏州塘等县级以上河道,以及南湖和西南湖两个重要湖泊划入蓝线控制。其他河道的蓝线由专项规划和详细规划具体划定。城市蓝线严格按照《城市蓝线管理办法》管控。禁止违反蓝线保护和控制要求的建设活动,因城市发展确需调整城市蓝线的,应当按照法定程序依法调整规划。

将中心城区重要的供水、排水、环卫、供热、燃气设施、220千伏变电站、消防等防灾设施以及其他对城市发展全局具有影响的城市基础设施纳入重点城市黄线。将2个供水设施、4个排水设施、7个电力设施、17个消防设施、4个环卫设施和5个燃气设施划入城市黄线。城市黄线严格按照《城市黄线管理办法》管控。城市黄线控制范围不仅保障设施自行运行安全，同时应考虑与周围其他建（构）筑物的间距要求。对现有损坏或影响城市基础设施安全、尚在运作的设施，应当限期整改或拆除。

将世界文化遗产、省级及以上历史文化街区及规划认为重要管控的区域划入重点城市紫线，包括大运河世界文化遗产区与保护范围，月河历史文化街区、梅湾历史文化街区、芦席汇历史文化街区3个省级历史文化街区和19个省级及以上文物保护单位。其他紫线由专项规划确定。城市紫线范围内的保护要求依据《城市紫线管理办法》《大运河遗产保护管理办法》及其他相关法律执行。

将中心城区内的重要教育、卫生、文化、体育和社会福利设施以及规划认为需要重点保障的公共服务设施划入重点城市橙线，包括8个医疗卫生设施、9个文化活动设施、5个体育健身设施、3个社会福利设施和8个公共教育设施。橙线范围内应严格保障公益性公共设施的性质、面积和规模，不得随意改变。因城市发展确需调整的，需进行规划论证。

将中心城区的重要框架道路纳入道路红线管理，包括快速路、主干路，有效支撑城市未来发展。严格控制城市道路红线宽度，相关城镇建设活动不得侵占道路红线，建筑退让道路红线应符合相关城市管理技术规定的要求。

以现状产业平台建设为基础，结合城市产业发展引导要求，划定工业用地控制线，强化工业用地控制线管控。规划划定中心城区内工业用地控制线面积约33.96平方千米。强化工业控制线内工业用地的节约集约利用，保障数量不减少、质量要提升，分期清退低散乱工业用地，逐步引导其向产业园区集聚。

将具有江南水乡文化风貌的特色空间划入城乡风貌控制线。将南湖风景名胜区、月河历史文化街区、芦席汇历史文化街区和梅湾历史文化街区作为重点风貌管控区。

（4）推进城市有机更新，提升城市空间品质。

明确城市更新目标。将城市更新作为实现历史文化传承保护利用、民生服务优化完善、生态空间保护修复、城镇功能空间重塑提升、低效产业空间转型升级，实现功能优化、品质提升、环境改善的重要手段。

制定有机更新分区分类引导策略。按照"以保留更新为主，鼓励小规模、渐进式有机更新和微改造，防止大拆大建"的原则，分类引导更新方式，因地制宜按照保护保留更新、综合整治更新、拆除重建更新的方式，实施城镇、工业用地有机更新。全面推进闲置土地清理、"批而未用"盘活、城镇低效用地再开发和旧小区、旧厂房、城中村改造，开展"未来社区"和产业邻里建设，打造一批有机更新、活力再造与存量利用示范项目。保护保留更新，是在符合历史遗存保护要求的前提下对建筑进行维护修缮、环境整治，对建筑所在区域的配套设施和环境进行更新完善，实施功能优化、业态提升，但不改变建筑整体风貌；综合整治更新是维持建设格局现状基本不变，对建筑、环境、配套设施等进行包括微更新、微改造在内的综合整治，可以少量拆除重建的建筑；拆除重建更新是对通过保护保留、综合整治难以改善或消除安全隐患的建筑予以部分或全部拆除，依据城市更新专项规划实施更新。

明确城市更新重点地区。一是以滨水区域更新为载体，加快重要功能区更新。依托九水连心格局，强化滨水重要轴线、节点的重要城市功能片区更新改造，完善城市功能、提升空间品质。二是以创新产业集聚为主导，实现低散乱工业园更新。实施工业低散乱专项整治行动，加快低效工业用地存量更新，完善生产性研发功能，提高土地利用效率，提高产业用地容积率，鼓励混合利用，完善"工业邻里中心"。三是以未来社区建设为导向，推进老旧小区和城中村更新改造。以提高居民生活质量和品质为目标，结合现代化美丽城镇、未来社区、城乡风貌样板区等相关工作，因地制宜分级分类实施老旧小区有机更新工作，完善公共服务、基础设施及居住环境，提升居住环境质量。

完善城市有机更新政策。强化城市有机更新专项规划，重点更新片区设计等，制定城市更新年度计划，统筹安排更新实施。结合《嘉兴市城市更新管理办法》等要求，完善城市更新中的土地管理、规划管理、行政审批、财税政策、安置补偿、公众参与等政策支撑，激发市场主体活力，保障公共利益。

（5）健全公共服务设施体系，加强市政基础设施建设。

全市范围内打造"一主、六副、多中心"的公共服务中心体系。全面构建均衡优质的城乡公共服务中心体系，围绕中心城区打造市域综合服务主中心，围绕嘉善、平湖、嘉兴港区、海盐、海宁、桐乡城区打造市域综合服务副中心，依托特色城镇建设专业特色服务节点。以率先全面实现教育现代化为目标，扩大优质教育供给，提升各级各类学校教育质量，构建布局合理、优质均衡、开放共享、多元层级的高质量现代化教育体系。瞄准长三角体育现代化先行市建设目标，完善各类各级体育设施。至2035年，顺应长三角体育一体化联动发展，规划建设一批可举办国内、国际重大赛事的特色体育场馆。构建层次分明、协同创新、中西并重、科学布局的"三级"医疗卫生服务体系。推动优质医疗资源集聚，提升市本级医疗卫生服务能力，打造卫生健康区域高地。全面建成多样化、普惠型的养老服务体系，专业服务惠及所有失能失智老年人，养老服务事业与产业协调发展,使"五彩嘉兴·幸福养老"的民生品牌成色更足。

构建中心城区四级公共中心体系。践行"人民城市人民建、人民城市为人民"理念,以老城中心、新城中心和板块中心为核心,构建"主中心-特色主中心-片区中心-生活圈中心"的四级公共服务中心体系。主中心以老城、南湖为载体打造市级中心;特色主中心以高铁站前综合服务区为载体,重点补充市级特色服务功能;片区中心以各板块中心区为载体打造片区公共服务中心;按照5分钟、15分钟生活圈标准建设生活圈中心。社区生活圈立足于服务人口和实际人口,5分钟社区生活圈遵循老幼优先原则,将托幼中心、便利店、邻里中心、小型活动场地等高频使用的设施优先就近布局;15分钟生活圈以社区为基础,提供文化体育、教育培训、医疗卫生、社会福利、公共服务、商业服务六大类完整的社区服务。

实现中心城区基本公共服务全覆盖。完善教育、文化、养老、医疗、体育等城市社区基本配套,重点关注城市"一老一小"公共服务建设,完善无障碍设施配套,加强适老化设施改造,把人文关怀落到每个细微处,打造"温暖嘉"未来社区生活圈,形成具有嘉兴市特色的共同富裕基本单元。推进高等院校建设,实现高等教育跨越式发展,结合中心城区功能板块规划高等院校7所。完善现代职业教育体系,优化基础教育设施布局,推进优质基础教育资源均衡普惠;完善公共文化服务设施,规划区级及以上公共文化服务设施16处,高水平建设5处市级文化设施和3处区级文化设施,社区实现"文化15分钟品质生活圈"全覆盖;全面建立"居家社区机构相协调、医养康养相结合"的养老服务体系。聚焦养老机构进入主城区、进入老年人集中居住区,聚焦镇(街道)、村(社区)居家养老服务设施布局,聚焦养老服务机构与医疗卫生机构毗邻兴建,推动人人享有多样化、普惠型的基本养老服务;着力提升市级医疗机构医疗服务能力和区域影响力,规划街道(镇)级及以上医疗卫生服务设施32家。按照15分钟服务圈合理设置社区卫生服务站;体育服务设施建设应顺应长三角体育一体化联动发展趋势,建设一批设施先进、布局合理、形态丰富的大中型体育场馆,在社区层面构建高水平"15分钟健身生活圈"。

健全城市住房保障体系,提升住房供给水平。一是保障和优化住房供应体系。基本建立多主体供给、多渠道保障、租购并举的住房制度,基本完善以公租房及保障性租赁住房为主体的住房保障体系。全面保障城镇保障性住房的建设用地需求,并在城市整体层面综合控制协调各区的增量建设,以达到整体供给结构的平衡。稳妥实施房地产长效机制,促进房地产市场平稳健康发展。二是优化居住用地布局。积极推进老城区的有机更新,合理控制新增商品住宅用地规模;扩大高铁新城、姚家荡、科技城、秀湖等副中心的新增商品住宅用地规模,积极引导人口集聚,促进产城融合。规划新增居住用地主要分布于高铁新城双溪板块、科技城南翼、姚家荡南侧、秀湖东部及北部区域。三是推进保障性住房供给。在完成现有保障性住房建设的基础上,鼓励通过货币补偿方式实施安置,或通过收购商品住房进行实物安置。结合城市有机更新,在条件允许的情况下,改建或整治现有居住区,改善居住环境,增补配套设施。在嘉兴高新技术产业开发区、嘉兴南湖高新技术产业园区等重点产业片区,结合城市创新转型需求,完善人才公寓体系保障。

全方位落实市政基础设施建设工作。一是保障给水基础设施。完善千岛湖引水和太湖引水工程建设,达到"同城同质"供水目标。完善沿中环西路、中环北路、中环东路及长水路铺设的给水环网建设,并沿着主要干道往外放射的城乡一体化供水管网系统布局。二是保障排水基础设施。排水统一采用雨污分流制,污水经集中收集后,统一纳入城市污水处理厂,经处理达标后,排入水体或中水回收利用,建成完善的城市污水收集、输送、处理、排放系统,实施达标排放和水污染总量控制。雨水排放按"就近排放"的原则进行城市雨水管道系统的完善。三是保障电力基础设施。按照国际一流电网标准进行规划建设,配电自动化覆盖率达到100%,总体形成"一环、一带、四放射"市区高压廊道空间。四是保障燃气基础设施。实现供气管道化,完善管道天然气输配系统,建立安全、稳定、可靠的城乡一体化管道燃气供应网络。规划至2035年中心城区形成"一环、多站"的燃气输配系统供气格局。五是保障环卫基础设施。生活垃圾分类工作实现精细化、高质量发展。垃圾分类处理体系和资源回收利用体系全面融合,生活垃圾"减量化、资源化、无害化"处理与利用达到国际先进水平。实现生活垃圾总量"零增长"和"零填埋",全面推进垃圾分类系统建设,资源化利用率达到90%、无害化处理率达到100%。六是完善海绵城市设施。通过海绵城市的建设,提升城市生态安全格局,改善水体水质,提高整体的蓄洪能力,达到"小雨不积水、大雨不内涝、水体不黑臭、热岛有缓解"的目标。完善高铁新城、运河湾新城、空港片区的海绵城市设施建设。七是完善通信基础设施。加快5G基础设施建设,培育5G产业发展,推进5G融合应用,着力打造生态环境优良、网络建设优先、应用场景丰富、产业特色鲜明的5G新城,助力嘉兴市全面提高城市综合竞争力,打造信息强政、信息兴业、信息惠民的智慧城市。

(6)构筑安全防灾体系,建设安全韧性城市。

协调防洪排涝功能空间。坚持"蓄泄兼筹、系统治理"的方针,完善"上控、中蓄、下泄、外挡"防洪减灾体系。以河湖水网为基础,按照"保北排、稳东泄、强南排、控水域"的总体思路,进一步增加洪水出路,增强市域内部水系连通,完善"东泄黄浦江、南排杭州湾、北排太浦河,充分利用河网调蓄"的防洪排涝总体布局。以区域南排工程为依托,城市防洪实施"建成区以分片包围为主、新建区以抬高地面为主"的工程措施。有计划地疏浚、拓宽河道,确定河道功能、宽度,河床底标高,防洪与排涝同步建设,加快海绵城市建设。采取市—县—镇—村分级设防。

完善地质灾害防治应对。建立完善的地质灾害防治应对工作体系和法规体系。充分运用遥感等技术手段,对地质灾害隐患点进行调查评价,将重要隐患点纳入防治体系,有序推进地质隐患治理。有序实施软硬件措施,加强灾害监测、预警功能建设,严格规范分区管控,结合城市形态、规划布局、工程措施和应急管理等优化生产、生活空间。加强新建工程建筑监督管理,确保所有工程建筑符合抗震要求。将公园、绿地、广场、体育场、停车场等开敞空间作为避震疏散场地,保障城区及各乡镇道路的安全疏散能力。

强化公共卫生安全保障。强化突发应急事件应对能力,提高弹性应急防疫能力,加强医疗防疫系统,建立市、区、街道卫生组织及伤病员救护组,形成市、区、街道三级卫生安全防疫系统网,多层级布置应急防控医疗设施,保障医疗救援物资流通道路畅通,预留重大卫生安全保障空间。

严格重大危险源管控。将生产、储存易燃易爆危险品的工厂、仓库集中设置在城市边缘的独立安全地区。对于城中村、旧城区、城乡接合部以及严重影响城市消防安全的工厂、仓库,有计划、有步骤地采取限期迁移或改变生产性质等措施。科学合理布置危险货物运输路线,制定相应应急预案,引导危险品通过公路运输、沿海运输,减少对城市的事故风险威胁,合理预留区域危险品爆炸等重大安全突发事件紧急处理空间。

统筹应急应战储备保障体系。完善应急保障基础设施,构建互联互通、平战结合、更具韧性的生命线工程和防护空间体系,增强城市应急管理能力。建立应急指挥系统,推进应急通道的建设,城市组团之间至少要保留两条应急通道。将绿地、公园、广场、学校等地作为应急避难场所,提高设防标准,提升承载能力,并充分考虑服务半径。打造城市生命线工程,变单独抗灾为系统性防灾,增强抗灾能力。

(7)保障创新与产业空间,强化产业高质量发展。

保障G60科创走廊创新集聚功能,建设创新高地。以G60科创走廊为引领对接上海、杭州创新高地,引导科技创新资源集聚,推进开发区空间整合,形成高能级战略平台为引领、国省级开发区为支撑、"万亩千亿"新产业平台为重点的产业平台体系。保障市域创新创业空间,推动市域产业平台协同合作,实现市县同强共富发展。

打造现代产业体系。一是大力培育"135N"先进制造业集群。大力培育新材料、光伏、新一代网络通信、新能源汽车等一批全国性乃至世界性先进制造业集群,推动县(市、区)打造各具优势的区域性集群,构建以"135N"先进制造业集群为核心的现代产业体系。二是打造长三角核心区全球先进制造业基地。全面优化制造业布局,整合提升新材料、新一代网络通信、光伏、新能源汽车、高端时尚产业、精细化工等优势产业集群,进一步培育氢能、前沿新材料、半导体、航空航天、人工智能、生命健康等新兴产业,引导县市差异化发展,实现平台整合,避免低水平重复建设。三是打造现代服务业高质量集聚地。以科技服务、信息服务、金融服务、现代物流、商务服务等生产性服务业为重点,大力推进与先进制造业、现代农业发展协同,打造"浙有嘉服"发展品牌。建设中国(浙江)自由贸易试验区嘉兴联动创新区,对接联动浙、沪自贸试验区,探索嘉兴联动创新区与上海外高桥保税区、上海自贸试验区临港新片区、舟山国际绿色石化基地的分工协作,协同建设开放型产业体系。

建设支撑高质量发展的产业平台。构建内力和外力相结合的产业平台布局评价指标体系,内力评价包含平台级别、主导产业、平台面积、亩均产出等指标,外力评价包含外部节点、生态空间、文化旅游节点三维的资源链接能力。外部重要节点基于时间成本测度全域空间的资源可达性,对外部重要节点(例如杭州钱塘新区、上海虹桥等高铁站点等),根据其规模和对嘉兴市影响力大小赋予权重,加权复合后得到区域产业的资源链接能力。结合生态空间联系能力,综合评判嘉兴市生态空间整体关联趋势。文化旅游节点结合"马蜂窝"网站评价数据进行加权评价,最后通过内外力得到重点潜力区的功能优化空间,为高质量发展提供产业平台支撑。

提供产业用地空间保障。一是保障战略平台用地需求。保障 14 个重点产业平台的用地需求,包括嘉兴经济技术开发区、浙江乍浦经济开发区、嘉兴南湖高新技术产业园区、嘉兴高新技术产业开发区、嘉善经济技术开发区、嘉善通信电子高新技术产业园区、平湖经济技术开发区、浙江独山港经济开发区、浙江海盐经济开发区、浙江百步经济开发区、浙江海宁经济开发区、海宁高新技术产业园区、浙江桐乡经济开发区、乌镇大数据高新技术产业园区。二是保障工业用地供给。强化制造强市定位,确保未来工业用地稳中有升,确保制造业项目用地不低于年度计划指标的 30%,保障省级及以上开发区、高新区建设用地供给,提高高能级平台要素保障能力。纵深推进"腾笼换鸟",全面深化"亩均论英雄"改革,加快推进淘汰落后攻坚行动,提升新招引重大制造业项目亩均投资强度,提高土地利用效率和产出效益。三是强化工业用地控制线管控。强化工业用地节约集约利用,保障数量不减少,质量要提升,至 2035 年,园区集中工业用地不突破工业用地控制线边界,并控制边界内非工业用地面积比例。

4.2.4.5 打造畅达高效的枢纽体系,构建便捷安全的交通网络

(1) 建设长三角综合交通枢纽。

建设高能级综合枢纽。全面深化"铁路枢纽""航空枢纽""海河联运枢纽"三大综合交通枢纽建设,提升嘉兴市综合交通枢纽能级,强化与上海、杭州等国际性综合交通枢纽城市的联系,打造长三角区域性综合交通枢纽,建设长三角核心区零距离换乘的高能级综合枢纽。

建设全球航空物流枢纽。全面推进嘉兴机场建设,推进圆通嘉兴全球航空物流枢纽等基础设施项目建设,打造长三角航空联运中心,支持创建国家级临空经济示范区。依托嘉兴高铁南站、军民合用机场,完善核心功能区和协同功能区,推动交通站点枢纽化、交通枢纽城市化。

建设以嘉兴港为主体的海河联运枢纽。深化嘉兴港与上海港、宁波舟山港的合作,推动海港与河港高效协作。谋划疏港高速公路及沿江货运铁路通道。打通海河联运骨干通道,实施浙北高等级航道集装箱运输通道工程,建成长三角海河联运枢纽。

建设互联互通的综合运输通道。优化交通网络布局,提升内联外畅水平,强化与沿海通道、沪昆通道、沪嘉湖通道等国家及区域综合运输通道间的有效衔接,高效对接长三角主要城市及周边毗邻城市,构建沪嘉杭、沿湾、苏嘉甬三条国家级通道以及沪嘉湖、苏嘉绍、苏嘉杭三条区域级通道,总体形成"三横三纵"的综合交通运输通道。

(2) 构建一体化现代轨道交通体系。

构建3大铁路廊道。布局沪杭发展主轴、通苏嘉甬发展轴、嘉湖宁发展轴"高铁+城际"铁路廊道,建设"米"字形国铁网络。

构建市域轨道网络。规划5条向心线路(建设沪苏嘉通道、杭海嘉通道,预留沪嘉乌通道、苏嘉平通道、杭桐嘉通道)、3条外围线路(建设沪平盐通道、水乡旅游线,预留杭海桐通道),构建"高速铁路/城际铁路/城际轨道/市域轨道—新型公交"多层次、一体化轨道体系,打造"轨道上的嘉兴"。

加强城市 TOD 综合开发。推动轨道交通与城市功能协同布局,引导构建TOD 轨道经济圈、通勤圈,建立站点综合开发实施机制,实施站城一体化发展模式,分级分类打造城市 TOD 综合开发区域,优先安排重要 TOD 开发空间要素保障,强化交通用地复合空间集约节约利用。

(3) 构建高效便捷安全的综合交通网络。

构建"三横三纵七联"的高速公路网络,"五横六纵一连"的国省道系统,"一环十一射五连一通道"市域快速路通道,"三横三纵八联一网"的内河航运网络。

（4）打造特色交通体系。

完善水上客运交通体系,彰显水乡碧道服务特色。尊重历史水网格局,梳理贯通市域主干河道网络,积极开发具备通航潜力的河道,打造"快线为骨架,干线为主体,支线、水上出租为补充"的中心放射网络状特色水上客运交通系统,实现市域主要滨河景区全覆盖,展现历史韵味与城乡特色。规划形成"两环九射一连"水上巴士线网。其中"两环"为环城河、中环河;"九射"为苏州塘、新塍塘、杭州塘、长水塘、海盐塘、长中港、凌公塘、平湖塘—嘉善塘、长纤塘;"一连"为南郊河—东外环河。水上巴士线以休闲观光为主,公共交通为辅,与文化、生态、景观相融合,突出嘉兴市"双环泊南湖,九水游禾乡"的交通特色。

构建市域、城市、社区三级绿道体系,强调车行、步行、舟行与骑行等快慢交通的无缝衔接。市域基于主干河道形成"双环七廊"的绿道结构。"双环"指市区外环及市域外环(盐官—澉浦—海盐—港区—平湖—嘉善—西塘—王江泾—新塍—乌镇—桐乡—崇福—长安),"七廊"指沿平湖塘、海盐塘、长水塘、杭州塘、新塍塘、苏州塘、长纤塘主干河流的市域绿道。打造三级服务驿站体系,提供区域级、城市级和社区级的设施服务。中心城区规划形成"一心两环九脉"的绿道骨架。"一心"为初心绿道,"两环"为绿野森林外环绿道和乐活通勤中环绿道,"九脉"为沿九条放射状水系布局的绿道网络。绿道长度合计约206千米。其中"一心"绿道约16千米,"两环"绿道约71千米,"九放射"绿道119千米。

构建以水乡绿道为主体的慢行体系。坚持"可持续发展、以人为本"理念,构建与城市发展相适应,与江南水乡特色相融合,与公共交通良好衔接,"安全便捷、集约共享、舒适惬意、活力多元"的高品质步行与非机动车交通系统,合称为慢行交通系统。结合风貌特色、城镇功能,完善古城风貌区、滨水风光区、创新现代区、品质宜居区、核心慢行区、一般慢行区等慢行分区。

4.2.4.6　保护利用历史文化资源,彰显江南城市特色风貌

（1）加强历史文化遗产保护,促进历史文化资源利用。

健全历史文化保护传承体系。系统完善历史文化遗产资源名录,拓宽文化价值,延展保护对象。健全由历史文化名城、名镇、名村(传统村落),历史文化街区和不可移动文物、历史建筑、历史地段,工业遗产、农业文化遗产、灌溉工程遗产,以及非物质文化遗产、地名文化遗产、地下遗址等保护对象构成的多层级多要素的历史文化保护传承体系。

保护历史文化城市空间格局。重点保护"一环九水、子罗双城、湖荡相间"的历史文化保护格局,保护历史城区的古城格局、城垣形制、景观视廊、河流水系、历史街巷、历史环境要素。加强历史城区与周边环境的整体保护与控制,凸

显"九水连心"的传统城市格局,协调保护与发展的关系。保护历史城区重要标志物之间、重要标志物与周边山水空间的眺望关系,对历史城区的建筑高度、建筑风貌等要素内容进行合理控制和引导。

构建历史文化遗产精准管控机制。强化文物资源系统保护的空间管控,将规划要求纳入国土空间规划"一张图"监督实施,实现对历史文化资源在空间上的精准管控。确定历史文化和自然景观资源富集、分布集中连片的地域和廊道以及非物质文化遗产高度依存的自然环境和文化空间,加强对历史文化遗存本体和周边环境的空间管控。

激发历史城区发展活力。提升历史城区整体环境品质和城市活力,合理优化历史城区的功能和人口结构,积极改善和提升基础设施条件和防灾减灾能力。推动文化遗产保护利用与农业、生态、城镇功能的融合发展。

推进历史文化遗产展示利用。结合嘉兴市历史文化遗产的区位分布和特点,建立"一核心、一张网、三条带、五集聚、多片区"的保护展示利用网络。"一核心"为嘉兴市历史城区文化核心区。"一张网"为以大运河(嘉兴段)为骨架的覆盖全域的江南水网体系。"三条带"包括北部江南水乡聚落文化遗产带、中部近现代文化遗产带、南部江海文化遗产带。"五集聚"以海宁市、桐乡市、平湖市、嘉善县、海盐县中心城区为核心的五片文化遗产聚集区。"多片区"为4大类17个嘉兴市江南水文化景观特色片。加强区域统筹,通过重要历史交通线路串联市域内各类历史文化资源,结合各片区的文化主题内容,对嘉兴市的红色文化、史前文化、江南水乡文化、运河文化、名人文化、近现代工业文化等进行展示利用,形成具有不同文化特色的游览主题线路。

(2)塑造整体特色景观风貌。

在全市规划形成"一江一河、水韵田园"的总体景观风貌。"一江一河"即依托连湾入海的东南名川钱塘江构建通湖枕海的地理格局,依托世界级文化遗产大运河构建市域蛛网状水韵独特格局;"水韵田园"即以万亩良田、千亩湖荡和纵横水绿网络为主要特色的自然生态本底,构建廊道-斑块-基质多级生态网络,推进全域生态保育,修复和优化生态斑块,构建高质量生境系统,修复生态价值。

在中心城区规划形成"九水连心、一心两城、百园千泾"的整体景观风貌。"九水连心",即打造"九水十八园三十六景"的世界级人文景观,激发水魅力与水活力,形成"两岸花堤、一路亭台"风情各异的九水风貌,加强对九水两岸景观的管控,按照风貌协调区、严格管控区、重点打造区,对临水街区、建筑风貌、重要节点提出管控要求。"一心两城",即着力提炼嘉兴市古城文脉,塑造"双轴营城"古城格局,形成以南湖文化中心为核心,高铁新城与运河湾新城联动的风貌结构,展现嘉兴市古今特色。"百园千泾",即突出水绿江南地方特色,重点营造水体与城市公园的融合关系,形成城市东南北三楔渗透,构建"自然公园-郊野公园-市级公园-区级公园-口袋公园"的百园绿地系统。按照构建10~20千米的城市大循环、5~10千米组团小循环和3~5千米的社区微循环的原则,构建市域、城市、社区三级绿道体系,强调车行、步行、舟行与骑行等快慢交通的无缝衔接,实现"5分钟见绿、10分钟进道"的千泾目标。

全域构建江南水网格局,凸显江南水乡生态特色。杭嘉湖平原河网水系发达,田园相连,呈现"水网交错,田连阡陌,村落相望"典型的江南水乡特征。为维护水乡特色景观与顺应生活需求,在嘉兴市"两环九射"水网布局的基础上,规划探索"五湖双环九放射,三楔归水"的水生态空间结构。提出水系两侧的用地管控要求,将开放空间、公共活动空间、公共服务设施布局与水网格局相融合,增强滨水空间的多功能复合开发,展现滨水空间魅力。营造水体与城市公园的融合关系,构建"百园千泾"的江南特色绿地系统。结合"碧水绕城、碧水绕镇、碧水绕村"行动,加快推进幸福河湖建设,打造以水系为载体的秀水生态链,突出水景观营造,努力打造诗画江南特色水乡。

(3)建立风貌分区管控机制。

全市划定八大风貌分区,加快推进城乡风貌样板区建设,并对各分区提出风貌管控要求。全面提升城区空间特色,划分为历史文化风貌区、现代都市风貌区和产城融合风貌区;统筹外围小城镇与村庄的自然、文化、产业等特色资源与空间,划分为水乡古镇风貌区、田园小镇风貌区;提升非建设空间的自然景观风貌,依据自然地理特征划分为湿地荡田风貌区、塘浦平田风貌区和沿湾洲田风貌区。

中心城区划定七大特色风貌片区,打造不同景观风貌特色。历史文化风貌区以展现嘉兴市江南水乡气韵以及丰富的历史文化特质为主,九水景观风貌区结合九水及周边岸线打造不同主题的生态景观风貌,枢纽都市风貌区以展现新城都市文化景观为主,科创湖区风貌区以展现城市科技创新精神为主,品质宜居风貌区以展现城市品质生活为主,产城融合风貌区以展现城市工业文化风貌为主,生态宜居风貌区以展现城镇特有的湖荡水乡生态景观为主。

(4)优化蓝绿网络格局,建设生态美丽城镇。

构建以水乡田园为本底、以蓝绿廊道为脉络、全域全要素的生态格局,突出安全韧性、绿色低碳的建设重点。一是在中心城区构建"三楔九廊、三环三脉、百园千泾"绿地系统结构。"三楔"为北部、东部和南部三片绿楔,为城市通风口;"九廊"为杭州塘、新塍塘等九水重要滨水绿廊;"三环"为环城河、中环快速路绿带、外环河滨水绿带组成的生态环;"三脉"突出古城文脉、红色文脉、运河文脉;"百园千泾"为公园绿地体系以及由水乡绿道构建的慢行体系。二是以大气环境治理为目标,规划全域通风廊道体系。结合宜居城市定位,提出"通风口地区＋二级通风廊道"的通风廊道体系建设。首先,考虑通风口地区在盛行风向上的大型楔形绿地,保障进入城区的风新鲜通畅。沿大型带状生态绿地、主干道、铁路、高速路等两侧狭长地区设计主通风廊道,将城市中心与外围绿地屏障相连,打通重点弱通风量分布区。其次,沿中型带状生态绿地、次干道、支路等构建次通风廊道,形成防止一级风道"断头"的廊道,结合局部绿地设施通风环境功能,弥补一级通风廊道的功能缺陷。

推进美丽城镇建设。加快建设最美城市客厅、最美绿道,打造一批高品质综合公园、专类特色公园、社区公园;加强湿地、森林公园、风景名胜区等自然保护地建设,强化生物多样性保护。推进美丽城镇、美丽乡村、美丽田园、美丽河湖、美丽园区建设,率先实现现代化美丽城镇示范镇全覆盖。确定结构性绿地、城乡绿道、市级公园等重要绿地以及重要水体的控制范围,结合市域生态网络,完善蓝绿开敞空间系统,为市民创造更多接触大自然的机会。

4.2.4.7 科学利用海洋空间,实现海陆统筹规划

(1)将海洋空间纳入国土空间规划体系,形成海陆统筹的管控体系。

在本轮国土空间规划中,嘉兴市将海陆空间整合为生态空间、城镇空间和农渔业空间;将海岸带功能区中的林地、湿地、保留地,海洋功能区中的保留区、旅游休闲娱乐区,以及水产种植资源保护区规划为生态空间;将城镇用地、海洋功能区中的港口航运区、锚地区作为城镇空间;将耕地与海洋功能区中的农渔业区作为农渔业空间,形成海陆一体化的功能分区与管控体系。

(2)划定海陆开发保护空间,统筹利用海陆资源,提升海洋经济实力。

明确陆海统筹开发保护利用重点区。将嘉兴市管辖海域、海岛及其依托的近岸滨海陆域,作为陆海统筹综合利用的重点区。重点优化临港工业、港航物流、滨海旅游、生态保护等功能的合理布局。

提升陆海统筹资源利用水平。强化陆海统筹重大基础设施一体化建设,适度开发海底地下空间,加强海底路由管道布局管控;建立陆海一体的防灾减灾体系、污染防治设施体系及环境保护设施体系;管控重要潮间带、入海河口等区域,建立陆海联动的自然资源、生态环境保护治理体系;加强沿海地区风暴潮等重大自然灾害的风险防御,探索实施海岸建设退缩线制度;整合滨海陆域、海域、海岛特色资源,打造开放、共享、活力的生态海岸带,彰显独具滨海特色的景观风貌。

发展海洋产业。完善产业发展指引,优化升级海洋传统产业,推动海洋科

技向创新引领型转变,加快海洋产业能耗结构调整,促进海洋经济低碳发展;贯彻落实自然资源资产产权制度改革要求,推进海域使用权立体分层设权,提高海域资源利用效率;支持发展海洋新兴产业,依托浙江中科应用技术研究院、中国电子科技集团公司第三十六研究所等平台,加快推动数字经济与海洋产业深度融合。

建设以嘉兴港为主体的海河联运枢纽。深化嘉兴港与上海港、宁波舟山港的合作,推动海港与河港高效协作。谋划疏港高速公路及沿江货运铁路通道。打通海河联运骨干通道,实施浙北高等级航道集装箱运输通道工程,建成长三角海河联运枢纽。

(3)统筹协调海陆生态保护修复。

严格保护生态功能与资源价值显著的海岸线。按照海陆空间协调一体的原则,将全市海岸线划分为严格保护、限制开发和优化利用三个类别,实现滨海岸线的整合优化。其中,严格保护岸线应保持岸滩或海底的形态特征和生态功能,禁止围填海,因国家重大项目建设需要围填海占用海岸线的,必须经过严格科学论证;保持海岸线原生态或开放式利用,仅允许建设少量透水构筑物,禁止损害海洋生态的开发活动;积极因地制宜开展沙滩养护、湿地修复等提升生态功能的整治修复活动。限制开发岸线应以保护和修复生态环境为主,严格控制改变自然形态和影响海岸生态功能的开发利用活动,预留未来发展空间。严格限制用海项目占用自然岸线,确需占用自然岸线的项目应经过论证和审批;占用人工岸线的项目应按照集约节约利用的原则,提高人工岸线利用效率。优化岸线,允许适度改变岸滩或海底的形态和生态功能,应提高岸线利用的生态门槛、产业准入门槛和投资强度门槛,优化沿海地区产业集聚和产城融合开发利用格局,实现岸线集约高效利用。加强岸线整治修复,通过规划生态护岸建设、防潮堤建设等建设生态岸线,通过退养还滩、退围还海等方式恢复自然岸线和重要湿地生境。严格管控围填海和岸线开发,确保自然岸线和原生滩涂湿地零减少。推进海洋保护区建设和管理,保护修复海岸沿线森林,精准提升森林质量,构筑陆海联通生态廊道。通过沿海历史围填海项目生态修复、滨海湿地生态保护与修复、全域滨海绿道建设工程等,积极融入浙江生态海岸带建设。

构建海陆统筹的山水林田湖草一体化保护和修复体系。以提升近海域水质为核心,立足近岸山水林田湖草生态保护与修复的整体性、协同性和关联性,按照整体保护、系统修复、综合治理的方针,遵循标本兼治、远近结合的原则,从海岸带整体生态安全格局修复出发,以恢复近海域、近海岸水循环健康和保持氮磷循环平衡为轴线,实现嘉兴市海陆统筹的山水林田湖草一体化保护和修复。

推进海湾生态环境统筹治理。坚持陆海统筹、系统治理,实施海湾生态环境统筹治理,统筹山水林田湖草海一体化保护和修复,实行对海湾的整体保护、系统修复和综合治理;加强沟通衔接,协同推进跨行政区重点海湾的"美丽海湾"保护与建设,协同推进监测监管执法能力提升;融入浙江省、嘉兴市沿海重大战略和海洋生态环境保护工作,促进生产、生活、生态"三生融合",推动"美丽海湾"保护与建设。

4.2.4.8 推进区域一体化战略,加强城乡生活圈建设

深入实施全面融入长三角一体化发展首位战略。融入长江经济带战略,全面对接全省国土空间战略格局,推动环杭州湾地区融合、创新、开放发展。积极参与上海大都市圈建设,全面深化科技创新、产业融合、对外开放、基础设施、公共服务等重点领域、重点区域合作,对接上海市域轨道建设,加快建设全面接轨上海的"桥头堡"和承接上海辐射的"门户"。加快推进长三角生态绿色一体化发展示范区嘉善片区和嘉善县域高质量发展示范点建设,打造践行生态绿色一体化发展的功能样板和全国县域高质量发展的典范。加快推进虹桥国际开放枢纽"金南翼"建设,打造具有文化特色和旅游功能的国际商务区、数字贸易创新发展区、科技创新功能拓展区、江海河空铁联运新平台,建设面向国际的新高地。充分发挥G60科创走廊、国家城乡融合发展试验区政策优势,依托嘉兴港区、尖山新区、杭海新城等战略平台和区域重大基础设施深化杭嘉、嘉湖、甬嘉、苏嘉一体化发展。

加强城乡统筹,打造城乡生活圈。一是持续推进城乡公共服务均等化,建设城镇型、乡村型两类社区生活圈,形成多层次、全覆盖、人性化的公共服务网络。提高文化、教育、体育、医疗等设施的服务效率和水平,积极建设老年友好型、青年友好型、儿童友好型城市,全面提高乡村宜居度,增强吸引力。二是突出生活圈服务能级差异,统筹构建30分钟和15分钟基础公共服务两级城乡生活圈。30分钟城乡生活圈以市县中心城区及重点镇为中心,以公交出行为主,配置高能级文化、教育、体育、医疗卫生、养老等公共服务设施;15分钟城镇生活圈以完整社区为基础,乡村生活圈以行政村为单元,按照慢行(非机动车、步行)可达服务范围,配置数量充足、品类齐全的基础生活服务设施。至2035年,30分钟城乡生活圈覆盖率达到100%,15分钟生活圈覆盖率达到90%。

4.3 重构效应:高质量推进生态文明建设的空间规划

2018年以来,嘉兴市高质量推进生态文明建设的国土空间规划,并取得一系列成果。

4.3.1 坚持"两山论"的有机统一

"促进人与自然和谐共生"是中国式现代化的特征之一,强调"必须牢固树立和践行绿水青山就是金山银山的理念,站在人与自然和谐共生的高度谋划发展"。"两山论"同时蕴含着时空并存的辩证思维、和谐共生的总体思维和高瞻远瞩的战略思维,指引并推动我国生态文明建设不断取得新成就。

习近平同志用"两山"形象地比喻"生态空间"和"经济发展空间",强调"良好生态环境是人和社会持续发展的基础""保护生态环境就是保护生产力,改善生态环境就是发展生产力",这就要求既要以历史思维"着眼于大生态、大环境,着眼于中国的可持续发展、中华民族的未来",也要"从系统工程和全局角度寻求新的治理之道""统筹兼顾、整体施策、多措并举,全方位、全地域、全过程开展生态文明建设"。

在实践中,我国积极推进绿色发展,将生态文明建设融入经济、政治、文化、社会等各个领域。绿色发展战略注重调整产业结构,优化资源配置,推广绿色低碳技术,提高能源利用效率,从而实现经济增长与环境保护的协同发展。此外,我国还大力开展生态环境保护工程,推进荒漠化、水土流失、生物多样性丧失等生态问题的治理,逐步恢复和改善生态环境。

在政策制度方面,我国不断完善生态环境法律法规体系,制定出一系列环境保护、资源利用、生态补偿等方面的法律法规,为推动生态文明建设提供有力的法治保障。同时,加强生态环境执法监管,严厉打击生态环境违法行为,确保生态文明建设各项政策措施落地生根。

在宣传教育方面,大力普及生态文明理念,倡导绿色生活方式,引导广大人民群众树立绿色低碳的发展观念。通过举办各类生态文明主题活动,弘扬生态文化,营造全社会共同参与生态文明建设的良好氛围。加强国际交流与合作,积极借鉴国际先进经验,共同应对全球生态环境挑战。

在科技创新方面,加大对生态环境保护技术的研发投入,推动绿色技术创新,推广应用绿色低碳科技成果。通过科技创新,提高资源利用效率,减少环境污染,实现绿色产业发展。同时,加强人才培养,提高生态环境保护专业人才的素质和能力,为生态文明建设提供有力的人才支持。

在社会治理方面,推动生态文明建设与基层社会治理相结合,鼓励基层创新实践,打造生态文明建设示范点。通过发挥基层组织和居民的主体作用,推动生态环境治理与改善,实现绿色发展与美好生活的共同提升。

在"两山论"指导下,我国生态文明建设呈现出全方位、全地域、全过程的特点,人与自然和谐共生的现代化建设取得显著成果。在新的历史条件下,应继续秉持"两山论",积极探索生态文明建设新路径,推动人与自然和谐共生,为实现中华民族伟大复兴的中国梦创造良好的生态环境。

4.3.1.1　坚持以生态保护优先为原则,统筹推进资源保护与生态修复

(1)深入实施全域土地综合整治。

嘉兴市在全域土地综合整治与生态修复工作上稳步有序推进并取得显著成果。2018年,部分项目已基本完成,展示出良好的示范效应,品质形象优越。在年初的绩效评价中,项目成果在全省位列第一,前20个项目占6席。2019年以来,嘉兴市积极争取省级示范项目,已申请省政府批准全域土地综合整治和生态修复工程项目33个,规模达35.6万亩,获批项目数位居全省第一。全市已完成全域土地综合整治面积22万亩,完成年度任务的110%。

(2)全面加强耕地资源保护。

嘉兴市全面加强耕地资源保护,1—10月新增耕地16241亩,完成年度任务的182%;实施农村土地综合整治14233亩,完成年度任务的395%;完成表土剥离再利用672亩。为强化政策引导,调整完善市级统筹补充耕地制度,建立统筹和使用同价机制,并对耕地保护考核优秀单位给予200亩补充耕地指标奖励。2019年全市发放耕地保护补偿资金3.6亿元,最高的村达到224万(南湖余新金星村),耕地保护补偿费已成为村级集体经济收入的重要来源。

(3)严格自然资源执法工作。

嘉兴市认真开展年度卫片执法监督检查,2018年度违法占用耕地面积降至212.49亩,初审比例仅为0.71%,再创历史新低。积极适应卫片执法新模式,扎实推进2019年季度卫片执法监督检查工作。同时,全力做好例行督察和耕保专项督察问题整改,例行督察未整改问题已得到上海督察局认定。

(4)国土绿化持续扩面提质。

嘉兴市以"五个一"工程为载体,加快推进国家森林城市创建。全市已投入资金4.1亿元,完成新增和改造平原绿化面积2.6万亩。深入实施"一村万树"行动,全年计划新增18个示范村,实际在建25个。新植乔木27万株,建成精品特色公园12个,节点口袋公园64个,完成美丽经济走廊创建19条,精品生态绿道8条,城市特色景观道路12条,建成美丽河湖102条。

(5)加强海洋生态和资源保护。

嘉兴市全面完成"国家海洋督察"整改任务,组织沿海两县创建海洋生态示

范区,争取 1 个县进入全省连续三年考核优秀行列。启动嘉兴市大陆海岸线修测工作,基本完成海盐、平湖 4.43 千米海岸线整治修复任务。认真处理历史围填海问题,对全市 11 个斑块 196.77 公顷围填海历史遗留问题提出分类处置意见。

4.3.1.2 坚持牢牢守住生态底线,高质量推进资源保护与生态修复

深入落实"绿水青山就是金山银山"理念,全面推进"山水林田湖"生命共同体系统保护。嘉兴市采取多项举措进一步巩固和提升生态环境质量,实现经济社会发展与生态环境保护共赢,努力构建人与自然和谐共生的美丽家园。在此基础上,继续探索和完善生态文明建设体制机制,为全国生态文明建设提供更多可复制、可推广的经验。同时,积极参与国际合作,与国际社会共同应对全球生态环境挑战,为全球生态文明建设作出积极贡献。

（1）全面推动宣传系列活动。

在《中国自然资源报》上发表《"绿水青山就是金山银山"理念的嘉兴实践》文章,整理全市各地生动实践案例 36 个,其中 7 个案例入选省厅案例选编,2 个案例被评为全省先进典型案例。

（2）严守耕地资源保护红线。

划定并上报永久基本农田储备库 10.4 万亩,启动千亩方、万亩方永久基本农田集中连片建设 7 片,总面积 1.09 万亩。深化耕地保护补偿责任机制,全年发放补偿资金 4.18 亿元,最高发放金额达到 263 万元。

（3）深入推进全域整治。

以高质量推动全域整治与生态修复"四百工程",三年间累计获批省级项目 76 个,完成整治面积 36.16 万亩。2020 年获批 28 个省级项目,5 个项目列入国家试点,完成农村土地复垦面积 1.49 万亩。全市海岸线整治修复三年行动任务已全面完成。

（4）推动国土绿化扩面提质。

全力争取国家森林城市创建,三年间累计新增林木面积 6.92 万亩,累计投资近 100 亿元,全市林木覆盖率等主要指标均已达到国家创建要求。全面落实省新增百万亩国土绿化行动,因地制宜开展"四大森林"建设,年度植树造林任务顺利完成。

（5）加强水资源管理和保护。

积极开展水资源调查评价,全面掌握水资源总量、分布、利用和保护状况,实施最严格的水资源管理制度。推进水资源节约型社会建设,加强水资源配置

和调度,提高水资源利用效率。落实河长制、湖长制,加强河道、湖泊管理,保障水生态安全。

(6)加强生态环境监测和执法监管。

构建完善的生态环境监测网络体系,提高监测数据质量,为生态环境保护决策提供科学依据。加强生态环境执法监管,严厉打击生态环境违法行为,确保生态环境法律法规得到有效执行。

(7)推动绿色发展和绿色生活方式。

倡导绿色生产方式,引导企业转型升级,发展循环经济,减少能源消耗和污染物排放。推广绿色建筑、绿色交通,鼓励居民使用低碳、环保的产品。加强生态文明教育,增强全民生态文明意识,引导人们树立绿色生活理念,积极参与生态环境保护。

(8)强化组织领导和工作考核。

建立健全生态环境保护组织领导体系,明确各级领导和部门责任,确保生态环境保护工作落到实处。完善生态环境保护工作考核制度,将生态环境保护纳入经济社会发展综合评价体系,推动各级政府和部门履行职责。

4.3.1.3 全面扎实推进耕地保护与生态修复

(1)推进国土资源调查工作。

我国近年来高度重视国土资源的保护和利用,为了更全面、准确地了解国土资源状况,我国完成第三次国土调查。此次调查的质量极高,全面梳理了全市资源。这是一项重要的基础工作,为今后的发展规划提供翔实的数据支持。

(2)完善耕地保护制度建设。

全面落实最严格的耕地保护制度,实行党政同责,大力推进耕地保护"田长制"。针对"两非"问题,嘉兴市进行严厉的整治,严格控制新增违法行为,同时稳妥处理存量问题,以实际行动维护着国土资源的合法权益。在此基础上,嘉兴市还扎实推进永久基本农田的集中连片建设,以省厅下达的 10 片千亩方万亩方整治任务为基础,一年来启动实施 17 片整治任务,总面积达到 7.4 万亩。这一制度的实施,既强化责任意识,又有效遏制耕地资源的非法侵占,为保护我国的粮食安全奠定坚实基础。

同时,为了健全耕地保护制度,嘉兴市完善耕地保护差别化补偿机制,明确补偿政策向种粮农民倾斜。迄今为止,嘉兴市已经发放耕地保护补偿资金 3.77 亿元,这一数字已经占到全市 201 个重点扶持村年经常性收入的三成。此外,嘉兴市还以优质富硒土壤保护利用为突破口,推动优质耕地保护示范基地试点建设。其中,澉浦镇茶院村荣获全国首批天然富硒土地认证,富硒产品年产值超过 2.5 亿元,受益农户达到 8000 多户。

（3）打造生态修复精品工程。

嘉兴市持续擦亮全域整治与生态修复的"金名片",2020 年度绩效评价位列全省第一,荣获省政府督查考核奖励。五个项目列入国家试点,四个项目被评为省级精品工程。同时,嘉兴市还统筹推进全域国土绿化美化,基本构建全市四级林长制责任体系,完成绿化造林面积 11854 亩。在 2021 年扬州世园会上,嘉兴园荣获金奖第一名,这是嘉兴市生态文明建设成果的生动展示。

总的来看,嘉兴市在第三次国土调查的基础上,全面深化耕地保护制度,大力推进全域整治与生态修复,并且取得显著成效。在今后的工作中,嘉兴市将继续坚持以人民为中心的发展思想,坚决保护好每一寸国土,为人民群众创造更好的生活环境。

4.3.1.4 提升生态空间治理体系和治理能力的现代化水平

科学化、时代化的治理策略是推动制度优势转化为治理效能的有效依托。以习近平同志为核心的党中央立足生态文明的顶层设计,坚定不移地走生态优先、绿色发展之路,强调在合理分配空间资源、协调空间秩序以及尊重空间复杂性的基础上,着力提升生态空间治理体系和治理能力的现代化水平,为构建绿色、均衡、低碳和可持续的生态空间格局提供方法论依据。

在推进生态空间治理体系和治理能力现代化过程中,我国积极构建以国家公园体制为核心的新型生态管理体系,推动自然保护地体系改革,优化生态补偿机制,创新生态环境监测预警机制,加强生态系统保护和修复。此外,还强调地方各级党委和政府要履行好生态环境保护职责,落实领导干部生态文明建设责任制,将生态环境质量改善作为地方政府绩效考核的重要内容,确保各级领导干部切实承担起生态环境保护的责任。

为了实现生态空间的绿色、均衡、低碳和可持续发展,我国还大力推进绿色产业发展,推动产业结构调整,强化绿色低碳循环发展,鼓励创新绿色技术,加强环境保护法规政策体系建设,严厉打击生态环境违法行为,提升公众环保意识,形成全社会共同参与生态环境保护的良好氛围。

习近平同志强调,生态环境保护是全面建设社会主义现代化国家的重要内容,要坚持经济社会发展与生态环境保护相结合,坚定不移地走绿色发展之路。在这一理念指导下,我国加大生态环境治理力度,推进污染防治攻坚战,坚决打好蓝天、碧水、净土保卫战,确保 2020 年实现生态环境质量总体改善的目标。

在推动国际交流合作方面,我国秉持人类命运共同体理念,积极参与全球气候治理,坚定支持多边主义,推动构建公平合理、合作共赢的全球环境治理体系。同时,加强南南合作,帮助发展中国家提升生态环境治理能力,共同应对全球生态环境挑战。

通过以上举措,我国生态空间治理体系和治理能力现代化水平不断提升,为构建绿色、均衡、低碳和可持续的生态空间格局奠定坚实基础。在这一过程中,充分发挥制度优势,将科学化、时代化的治理策略融入国家发展战略,为我国生态文明建设和全面建设社会主义现代化国家提供有力保障。

面对未来,我国将继续坚定不移地走生态优先、绿色发展之路,紧紧围绕生态文明建设这个战略主题,持续推进生态空间治理体系和治理能力现代化,为实现人与自然和谐共生、中华民族永续发展提供有力的制度保障。在这个过程中,全体人民要紧密团结在以习近平同志为核心的党中央周围,共同为美丽中国建设努力奋斗。

4.3.1.5 坚持以保障发展大局为主线,全力做好资源要素保障

(1)强化规划实施管控和空间保障。

在完成2018年度规划调节规模执行评估和2019年度规划调节规模申报工作的基础上,嘉兴市积极部署和推进各项规划项目的实施。为了确保新增建设用地指标的合理利用,在获得浙江省核拨规划新增建设用地指标14336亩的背景下,嘉兴市紧紧围绕国家战略和全省发展大局,充分发挥土地资源优势,积极推进各项规划项目的实施,为全市经济社会发展提供有力保障。在未来,嘉兴市将继续加大土地资源管理和保护力度,推动土地节约集约利用,为全省乃至全国的土地资源管理和生态文明建设做出更大贡献。

(2)积极向上争取用地指标。

近年来,我国高度重视省市县长工程、省重点和重大产业项目的发展,全力为其提供保障。在这些项目中,嘉兴市的表现尤为突出,赢得各类新增建设用地指标的优先保障。在2019年,全市共获得各类新增建设用地指标1.92万亩,位居全省前列。具体来看,省下达的存量盘活挂钩指标为9059亩,占全省的23%,使得嘉兴市在这一指标上位居全省首位。这一成绩达到省厅计划指标分配改革三年来的新高。同时,省下达的重大产业项目用地指标为1335亩,占全省下达指标总量的22%,位居全省第二。嘉兴市在省政府督查激励考核、耕地目标责任制考核、节约集约模范县创建等方面表现突出,因此获得了各类奖励指标2394亩。这些奖励不仅是对嘉兴市过去一年工作的肯定,更是对其未来发展的鼓励。

总的来说,嘉兴市在用地保障方面取得显著成效,这离不开全市上下的共同努力。接下来,嘉兴市将继续围绕"百年百项"、省市县长工程以及省重点、重

大产业项目,为推动全市经济社会发展提供有力支撑。在今后的发展中,嘉兴市将一如既往地重视土地资源的合理利用,坚持节约集约用地,积极盘活存量土地,提高土地利用效率。同时,全市还将加大重大产业项目的引进和培育力度,推动产业结构优化升级,为实现高质量发展奠定坚实基础。

（3）全力服务保障一批重大项目。

嘉兴市近年来致力于推进"百年百项"重大项目的建设,这些项目涵盖各个领域,对于促进地方经济发展具有重要意义。截至目前,已完成用地保障的项目达到 71 个,占地面积约 4.12 万亩,另有 7 个项目部分得到保障,占地面积为 1.23 万亩。在这些项目中,十大标志性工程已完成用地保障 6 个,占地面积达 1444 亩,另有 2 个项目部分得到保障,占地面积为 2832 亩。这标志着嘉兴市在重大项目用地保障方面取得显著成果,为后续工程建设奠定坚实基础。值得一提的是,一批重大项目已顺利报批。其中,嘉兴军民合用机场用地预审已顺利通过自然资源部的审查,核定用地规模达到 6066 亩。市域外配水工程建设用地获得国务院批准,市区快速路环线工程（一期）建设用地获省政府批复,为工程建设提供有力保障。

此外,京杭运河浙江段三级航道整治、湖嘉申线航道嘉兴段项目也获得国家统筹补充耕地 1709 亩的支持。这将进一步改善嘉兴市水运条件,提升物流运输效率,为地方经济发展注入新的活力。另外,嘉兴 2 号海上风电项目用海海域出让顺利完成,涉及用海面积 381.28 公顷,总投资达 53 亿元,装机容量 300 兆瓦。这一项目的成功实施,将有力推动嘉兴市清洁能源产业的发展,提高能源供应保障能力,助力绿色低碳发展。

总之,嘉兴市上下正齐心协力推进"百年百项"重大项目的建设,已完成用地保障的项目数量不断增加,用地规模不断扩大。这不仅为嘉兴市经济发展提供有力支撑,也有力地推动嘉兴市经济高质量发展。在今后的工作中,嘉兴市将继续加大用地保障力度,推动更多重大项目落地生根,为繁荣发展做出新的贡献。

（4）扎实推进土地节约集约利用。

2019 年,嘉兴市土地供应局面保持总体稳定。从 1 月至 11 月,嘉兴市已经供应的具体国有建设项目用地达到 39006 亩,再加上 1838 亩待供项目,全年完成土地供应达到 40844 亩,完成年度目标任务的 104%。这无疑为嘉兴市的经济社会发展提供了强有力的土地和资金要素保障。

在土地出让方面,嘉兴市累计获得的土地出让收入达到 638 亿元,这个数字超过嘉兴市目标任务的 106.33%。这一成果彰显我国在土地供应和出让方面的稳健政策效果。在土地存量盘活方面,嘉兴市消化了历年来批而未供的土地18719亩,完成省下达任务的117%,位居全省首位。通过盘活存量土地20289亩,超额完成省下达的年度目标,为次年新增建设用地指标的分配打下坚实基础。在土地利用效率提升方面,嘉兴市以"低散乱"企业整治、平台优化提升、城市有机更新为重点,累计实施低效用地再开发12914亩,这个数字完成省厅下达年度目标的140.98%。这一成果体现了嘉兴市在土地资源优化利用方面的决心和努力。

4.3.1.6　聚焦六稳六保落实,高效率构建资源要素精准保障体系

在当前的改革导向下,嘉兴市积极倡导"指标跟着项目走"的原则,以此优化和盘活各类要素资源。以下四个方面具体展示嘉兴市在这一过程中的实践和成果。

(1)以积极的态度助力"两战赢"。

嘉兴市率先在全省制定并实施支持用地企业稳定发展的六条措施。这些措施已累计为53个项目减轻压力,通过不动产抵押为企业融资3564亿元。此外,嘉兴市还全力以赴确保生猪供应,为14个生猪规模养殖项目落实了用地,总面积达到797亩。

(2)实施多元化策略以"争资源"。

2020年,全市共获得各类新增建设用地指标20765亩,完成年度任务的138%,扣除单独选址项目后位居全省首位。存量盘活挂钩指标连续两年位居全省第一,嘉兴市还荣获全省节约集约用地督查奖励的"两连冠",成为唯一获此荣誉的地级市。

(3)全力以赴"保重点"。

在9个重大项目的争取中,嘉兴市成功获得国家新增指标16759亩。此外,5个重大项目成功列入全省第一批重点项目清单,完成14个"百亿"项目的用地保障。

(4)实施市县联动的策略,全力"抓供应"。

嘉兴市将土地供应首次纳入"流动红旗"考核内容,部署开展节约集约七大提升行动,精准推进"五未"土地处置。2020年,全市累计供应建设用地5.25万亩,其中工业用地1.52万亩,位居全省第二。嘉兴市还获得812亿元的出让合同价款,创造历史新高。

4.3.1.7 规划引领管控有效落实,资源要素保障精准有力

(1) 全面融入长三角一体化发展。

嘉兴市第一时间编制虹桥国际开放枢纽南向拓展带协同发展规划,最大限度地谋划区域协作带来的扩大优势效应。深度对接上海大都市圈空间协同规划,重点培育四条区域创新廊道、构建八条主要交通走廊,积极争取发展新空间。《嘉兴市综合交通规划(2019—2035)》已获批实施,为推动市域交通一体化建设提供有力支撑。

(2) 深化国土空间总体规划方案。

依托主体功能区定位,探索提出"市级五统筹＋七传导技术＋五保障机制"市县统筹传导策略,规划成果基本形成。优化生态保护红线,全市陆域生态保护红线面积 63.5 平方千米,海域生态保护红线面积 461.5 平方千米,实现"应划尽划、应保尽保"。全面完成"三区三线"两轮试划工作,平衡上级规则与嘉兴市实际情况,提出相对合理可行的耕地保护目标。

(3) 充分衔接各行业专项规划。

将明确选址位置的重点基础设施、重要民生事业、重大产业发展等项目纳入国土空间规划"一张图"实施监督信息系统,精准保障项目所需用地空间。有序开展村庄规划编制试点工作,全市共启动 13 个村庄规划编制试点,同步确定试点项目驻镇规划师团队。

(4) 精准保障资源要素。

全面完成"过渡期"城镇开发边界划定,获省厅核拨 2021 年度规划新增额度 13500 亩,规划用地空间得到有效保障。编制完成中心城区土地征收开发方案,同步审查上报县(市)方案,确保用地报批合规性。获省下达新增建设用地指标 20762 亩,获国家、省统筹补充耕地指标 5420 亩,城乡增减挂钩指标 3519 亩。市域统筹保重点,通过市级统筹方式支持困难县(市、区)补充耕地指标 6783 亩。精准配置促共富,安排 274 亩指标用于乡村一、二、三产业融合发展,统筹有限资源支持市本级 2 个"强村富民"项目用地 106 亩。发放耕地保护补偿资金 3.77 亿元,已占 201 个重点扶持村年经常性收入的 30%。专班运作抓保供,保障浙北高等级航道等 7 个重大单独选址项目用地 5645 亩。组织实施三批次房地产集中供地,全年累计供地 4.94 万亩,获得土地出让收入 784 亿元。

(5) 推进绿色低碳发展。

积极应对气候变化,推进碳达峰、碳中和工作,制定实施嘉兴市碳达峰行动计划,加强碳排放权交易和碳排放监测体系建设。加大生态环境保护力度,提

升全市生态环境质量。大力发展循环经济,推广绿色建筑和绿色交通,提高可再生能源利用率,推动全市能源结构优化。加强水资源管理和保护,提高水资源利用效率,严格控制用水总量,推进节水型社会建设。

(6)提升城市品质。

以人民为中心,聚焦民生需求,全面提升城市功能与品质。优化城市空间布局,加强城市基础设施建设,提升城市公共服务水平。加强城市精细化管理,推进智慧城市建设,提高城市治理能力。加强历史文化保护,传承优秀传统文化,塑造城市特色风貌。实施城市更新行动,改善老旧小区居住环境,提升市民生活品质。

5 结 语

嘉兴市作为浙江省一颗璀璨的明珠,21世纪以来在国土空间规划方面经历了三个关键阶段的演进:2000—2010年的"市域总体规划"、2010—2018年的"多规合一",以及2018年至今的生态文明背景下的国土空间规划。这三个阶段标志着嘉兴市在不同时期对空间规划体系改革的探索,同时也反映了不同时期国家规划工作面临的主要矛盾和实际问题,即城乡二元化结构矛盾、多规并立且缺乏衔接、国土空间开发与保护矛盾等问题。在三个空间规划体系阶段,嘉兴市围绕国家发展战略要求,对不同阶段的实际问题予以破解,并取得重大规划成果。本章基于前文对嘉兴市国土空间规划体系演进的梳理,分析其价值意义,总结经验成果,并探讨对嘉兴市未来规划和全国其他地区规划的政策启示。

5.1 嘉兴市国土空间规划探索的价值意义

20世纪以来,嘉兴市的空间规划实践是对国家政策导向的积极响应和重大国家战略的创造性落实,同时也是嘉兴市把握发展机遇、承担发展使命、提升自身发展质量的有效探索,具有重大价值意义。

5.1.1 城乡统筹背景下的"市域总体规划"(2000—2010年)

首先,嘉兴市在城乡统筹发展方面的探索是对国家城乡统筹发展目标的创造性贯彻。城乡统筹在党中央、国务院确立的我国长远发展思路中具有重要地位,党中央对其内涵、作用和意义的认知随着改革深化而日益清晰。中央领导先后在一系列会议和讲话中就城乡社会一体化发展和城乡统筹发表过多次重要论述。2002年党的十六大报告明确提出城乡统筹概念;2003年党的十六届三中全会《中共中央关于完善社会主义市场经济体制若干问题的决定》将统筹城乡发展上升为国家战略;2004年党的十六届四中全会《中共中央关于加强党的执政能力建设的决定》提出要推动建立"五个统筹"的有效机制,并将统筹城乡发展放在首位;2007年党的十七大报告把统筹兼顾上升为科学发展观的根本方法。城乡统筹既是构成国家发展目标的组成部分,也是实现国家发展目标的有效路径,更是立足当前、着眼未来的战略选择。2000—2010年,嘉兴市在空间规划工作中对城乡统筹发展的探索体现了其对党的指导思想、中央和浙江省委决策部署的积极贯彻执行,尤其是对党的十六大提出的"统筹城乡经济社会发展"重要指示的贯彻执行。

其次,嘉兴市在城乡统筹发展方面的努力与浙江省旨在破除城乡二元结构、促进城乡协调发展的"城乡一体化"发展战略相契合。嘉兴市对城乡关系改革的探索一直走在全国前列,其充分发挥典范地区的示范作用,积极响应并促进了城乡一体化战略的实施。2003年,时任浙江省委书记的习近平同志针对浙江省城镇化工业化进程中的城乡二元问题,提出"以规划协调和区域统筹的方式,统筹城乡经济社会发展,加快推进城乡一体化"的要求,并在2004年将嘉兴市定为"浙江省城乡一体化先行区",以期嘉兴市成为指导浙江全省开展县市域总体规划编制的示范。2004年嘉兴市制定了《嘉兴市城乡一体化发展规划纲要》,成为全国首个出台城乡一体化发展规划纲要的地级市,有效发挥其带动全省落实城乡一体化战略的示范作用。2008年,嘉兴市又被列为浙江省统筹城乡综合配套改革试点区,旨在发挥其"全域覆盖、城乡统筹、要素统筹、设施统筹"的示范作用。嘉兴市确立以"市域总体规划"为核心的空间规划体系,聚焦城乡空间的统筹工作,有力解决浙江省城乡二元结构问题,推动浙江"城乡一体化"的发展战略的有效落实。

最后,嘉兴市在城乡统筹发展方面的规划成效为实现城乡一体化发展、落实生态文明建设、实施乡村振兴战略、全面建成小康社会提供了有力支撑,有利于促进社会和谐稳定,实现经济可持续发展。嘉兴市通过实施市域总体规划,有序安排城乡空间结构和土地利用结构,促进资源要素在城乡间的流动与共享,全面推动城乡一体化发展。城乡统筹理念下的市域总体规划对生态文明建设也有所促进,科学合理的土地开发利用规划有效避免了土地浪费和滥用,城乡土地资源的效益得到最大限度的发挥;生态保护区域和基本农田保护区的划定缓解了土地资源过度开发带来的环境问题,有效维护了生态平衡,提升了城乡环境质量。对农村空间的合理规划和布局,有效推动了农业现代化和农村经济多元化发展,农村发展机会显著增加,农村在保障国家和城市资源安全、环境安全、能源安全、粮食安全方面的作用得到进一步发挥,其在促进经济增长、传承历史文化、建设和谐社会方面的巨大潜力也得到初步挖掘,极大促进了乡村振兴战略的实施。市域总体规划还推动了城乡公共服务均等化和城乡产业协同发展,提升了城乡宜居性,有利于缓解城市人口压力,为提升城市可持续发展奠定了基础。

5.1.2 治理能力现代化背景下的"多规合一"(2010—2018 年)

嘉兴市推进"多规合一"国土空间规划改革在贯彻落实党中央决策部署和党的会议精神方面具有重要的意义和价值。推进"多规合一",构建空间规划体系,已成为推进国家治理体系和治理能力现代化,助力生态文明建设和新型城镇化的重要举措。在 2012—2014 年的一系列重要会议和文件中,中央明确提出要推进市县国土空间规划体系改革,开展"多规合一"试点工作。2012 年,国务院副总理李克强在省部级领导干部推进新型城镇化研讨班座谈会上首次提出"三规合一"的工作要求;2013 年,十八届三中全会提出了"推进国家治理体系和治理能力现代化"的改革目标,标志着中央着手对国家治理体系的全面重构。同时,会上首次提出"建立国家空间规划体系",要求空间规划体系实现"全国统一、相互衔接、分级管理";2014 年,中国进入"空间规划"发展的新阶段。《国家新型城镇化规划(2014—2020 年)》提出"推动有条件地区的经济社会发展总体规划、城市规划、土地利用规划等'多规合一'"。随后,多部委联合出台《关于开展市县"多规合一"试点工作的通知》,选取嘉兴市等 28 个市县开展"多规合一"的试点工作。作为全国 28 个"多规合一"试点城市之一,嘉兴市在同年成立了"多规合一"试点工作领导小组,积极推进"多规合一"改革,于 2015 年底基本形成"一本规划、一本技术报告、一张蓝图、一套标准和一套改革方案"的"多规合一"成果。嘉兴市"多规合一"对规划编制、实施、管理全过程的空间治理模式创新的探索,是贯彻落实中央全面深化改革的决策部署和习近平同志重要讲话精神的集中体现和有效成果。

推进"多规合一"国土空间规划改革有利于嘉兴市把握重要发展机遇,提升城市发展地位。通过落实"多规合一",嘉兴市能够基于统一的规划蓝图,提升资源配置效率,优化空间布局,为经济社会发展提供空间保障,从而把握发展机遇,成为国家"一带一路"倡议的重要增长极,浙江省"杭州湾滨海发展战略""杭州都市区发展战略"等战略布局中的重要阵地,在产业承接、市场建设、资源流动、教育文化等领域与上海接轨的战略示范区,长三角高科技成果转化重要基地,长三角地区宜居、宜游、宜业最佳城市和江南水乡人文生态典范城市。

实施"多规合一"改革也是实现城市治理体系和治理能力现代化的重要举措,对推进嘉兴市深化改革,促进经济社会持续发展具有重要意义。"多规合一"的空间规划体系强化了全域统筹管控,推进了重大基础设施和产业平台共建共享,促进了开发建设与环境承载能力相互协调,有利于落实嘉兴市现代化网络型田园城市发展目标,使建设美丽城市和美丽乡村、打造江南水乡典范的决策部署取得更大的成效。"多规合一"使得城镇规划、产业规划、土地规划、环境规划等合成于一张规划蓝图中,解决规划冲突、执行低效、资源浪费等问题,有利于有效配置土地资源,促进各类要素资源节约集约利用,满足产业结构调整和转型升级需求,满足经济社会持续发展的需要。"多规合一"体系对各类规划统筹的加强,为优化城乡空间布局、保护生态环境、保障公共服务供给提供了重要依据,同时也增强了各类规划执行的刚性,进一步强化规划空间实施管控能力。通过"多规合一"信息化平台建设,嘉兴市创新了发改、规划、国土等部门审批流程,探索并联审批方式,由被动服务转为主动服务,由多环节多层次管理转为扁平化管理,增强了政府行政审批工作流程的透明性,推动了政府现代化治理能力的转变。"多规合一"立足于嘉兴市经济发展的现实基础,适应了经济社会发展的新形势、新要求、新常态,有利于进一步探索空间规划改革的方式方法,从而推进人、城市、自然和谐统一的新型城镇化战略在嘉兴市的实施。

5.1.3 生态文明背景下的国土空间规划(2018 年至今)

首先,生态文明背景下的国土空间规划体现了嘉兴市落实国家发展战略的使命担当。新时代嘉兴市全域全要素的国土空间规划是对"两山论""美丽中国""清洁美丽世界"等思想理念的积极贯彻,是对中央推动生态文明建设的一系列战略安排的充分落实。十八大报告将"优化国土空间开发格局"上升到生态文明建设首要任务的高度。2015 年中共中央、国务院出台《生态文明体制改革总体方案》,提出"建立空间规划体系",将空间规划体系作为生态文明体制改革的重要部署。2018 年,中共中央、国务院出台机构改革方案,赋予自然资源部建立空间规划体系并监督实施的职责,着力解决空间规划重叠等问题。2019年,中共中央、国务院发布《关于建立国土空间规划体系并监督实施的若干意见》,明确提出"到 2020 年,基本建立国土空间规划体系",并明确指出国土空间规划是"加快形成绿色生产方式和生活方式、推进生态文明建设、建设美丽中国的关键举措"。嘉兴市严格遵循山水林田湖草生命共同体整体保护的原则,深入实践"绿水青山就是金山银山"理念,依托水乡田园生态资源优势进一步拓宽"两山"转化通道,建立完善"两山转化"体制机制,高质量推进新时代生态文明建设。落实主体功能区规划这一中央战略安排,科学布局生产、生活和生态三大空间,以长三角生态绿色一体化发展示范区为引领,将示范区生态治理经验逐步推广至全市,建立市域生态全要素管控体系。2018年至今的嘉兴市国土空间规划统筹全域全要素,多方面落实了生态文明建设要求,对建立健全新时代生态文明建设的空间规划具有重要实践意义。

其次,生态文明背景下的国土空间规划也是嘉兴市把握新时代发展战略机遇的重要举措。统筹全域全要素的国土空间规划能够进一步完善嘉兴市城乡空间布局,为共同富裕发展提供空间保障,从而体现共同富裕示范区典范城市的责任担当,打造中国式现代化嘉兴样板;能够加快嘉兴市共建长三角生态绿色一体化发展示范区、虹桥国际开放枢纽等国家战略任务的落实;加快嘉兴市融入上海大都市圈重大战略的进程,形成区域联动、市域紧密连接的空间发展格局。此外,基于全域全要素的国土空间规划体系,嘉兴市能够充分把握国家和浙江省的政策支持优势,率先建成全国城乡融合发展的示范样本,探索城乡高质量融合发展新道路。构建适应新时代发展要求的国土空间规划体系更是嘉兴市立足国内大市场和长三角经济发展优势,积极参与和促进国内国际双循环的必要条件,统筹全域全要素的国土空间规划有利于嘉兴市把握新阶段,融入双循环新发展格局。

最后,生态文明背景下的国土空间规划也是嘉兴市实现国土空间治理体系和治理能力现代化,提升城市发展品质的必要途径。嘉兴市统筹全域全要素的国土空间规划是嘉兴市政府及全社会智慧和共识的凝聚,围绕实力型、创新型、枢纽型、品质型、活力型、开放型、智慧型城市建设目标,推进嘉兴市建设成长三角城市群重要中心城市。嘉兴市基于生态文明建设的国土空间规划,将生态优先、绿色发展原则贯穿始终,突出"生态、文化、旅游"有机融合,打造诗意栖居的绿色人文家园,有利于经济、社会和生态协调发展愿景的实现;有效提升生态环境质量,深入优化国土空间品质,成功塑造江南田园特色的城乡风貌;推动存量低效用地更新利用,提升土地利用效率,为实现高质量双循环提供了空间支撑;通过建设创新型新经济体系,优化创新产业集群布局,推动产业平台整合提升,助力产业转型升级与总体优化布局,有利于加快发展绿色经济;强调构建多中心城市格局,精细化城市功能布局,促进城市资源要素的有效配置,助力推动新型城镇化战略迈入新阶段,建设打造宜居宜业的现代化城市;充分发挥城市的引领和辐射作用,进一步完善乡村公共服务体系建设,促进城乡均衡发展,有利于落实乡村振兴战略。此外,嘉兴市深化数字化改革,构建的国土空间开发保护"一张图"实施监督信息系统,为规划的实施监督提供了有力支撑,国土空间开发保护能力进一步增强,有利于实现国土空间治理体系和治理能力现代化。

5.2 嘉兴市国土空间规划探索的经验总结

嘉兴市的空间规划体系不仅在城乡统筹规划、"多规合一"方面取得了显著成就,而且在基于生态文明的国土空间规划方面也取得了重要进展。嘉兴市规划体系的改革与我国空间治理模式的调整高度吻合,总结其实践经验对于推动新的空间规划体系建设和实现空间治理现代化具有重要的借鉴意义。

5.2.1 从城乡分离到城乡一体的"市域总体规划"

5.2.1.1 完善市域规划体系编制

在市域总体规划指导下,构建层次分明、有效衔接的城乡规划体系。一是县域总体规划编制。嘉兴市按照市域总体规划统筹协调全市域规划建设的要求,以市域总体规划为指导,推进县域总体规划编制和报批工作,同时做好"两规衔接"工作,重点协调好建设用地规模、布局、建设时序等问题。二是市域重点区域协调规划编制。重点协调区域由市域总体规划确定,并将基础设施、公共配套、用地布局等作为重点进行统筹布局。三是市域专项规划编制,统筹协调市域重大基础设施、重大公共服务设施等的布局。

推进中心城市各项规划编制工作。一是积极推进城市总体规划修编工作;二是完成大分区规划的编制和报批工作,嘉兴市确立了分区规划全覆盖的目标,针对市本级除中心城区以外的区域,分别编制完成了东、西、南、北四大分区规划;三是中心城区控制性详细规划编制和上报审批工作;四是根据整合资源、提升城市功能要求,编制大量城市专项规划。

做好"两新"工程规划指导,提升嘉兴市"两新"规划设计水平。以"两分两换"推进"两新"(即现代新市镇和城乡一体新社区)工程建设,通过开展高密度、多层次的调研,制定相关规章和技术标准。同时为加快推进"两新"工程建设,组织开展各县(市、区)村镇规划修编工作。一是全面完成了"1+X"村镇布局规划;二是加快推进现代新市镇的规划建设;三是着力提高新社区建设规划水平。

5.2.1.2 提升市域规划管理水平

基本形成市域规划管理制度。成立嘉兴市市域规划委员会,加强市域城乡规划统筹,提高决策的科学性和协调效率。专门制定嘉兴市市域规划委员会工作职责和三年工作计划,重点抓好市域总体规划和市域绿道、交通、基础设施廊道等专项规划及跨区域各项规划的统筹协调工作,加强对各县(市)城乡规划工作的指导,加快推进"两新"工程规划建设等。成立嘉兴市城市规划委员会,加强对市区规划的统筹协调。建立统一规划管理信息平台,实现市本级规划管理的信息共享和实时监督。

加大市域城乡规划管理力度。一是积极做好《浙江省城乡规划条例》的宣传、贯彻和实施,组织嘉兴市城乡规划工作人员学习《浙江省城乡规划条例》。二是加强对嘉兴市域城乡规划的监督。统一和规范"一书两证"规划行政许可的审批流程和附图附件格式,同时把市区内各区的规划行政许可管理纳入规划管理信息系统,实时对各区项目审批程序的规范性、完整性进行监督审查。

5.2.1.3 明确以城乡一体化为核心任务

嘉兴市在2000—2010年的市域总体规划中,强调将城乡一体化作为其核心任务之一。实现城乡一体化,要求打破传统的城乡二元结构,促进城市与农村地区的协调发展。包括在基础设施建设、公共服务、经济发展机会和生态保护等方面实现城乡间的平衡和互补,有效提升农村地区的生活水平,改善经济状况,同时促进城市的可持续发展。

实现城乡空间布局一体化。科学编制完善市域生产力布局规划、城镇体系、镇村规划、土地利用总体规划、水利规划等,构筑城乡联动发展、整体推进的空间发展形态。完善各级土地利用总体规划,优化土地利用布局,优先保证重点发展区域和产业建设用地。引导产业集聚,提高单位土地的利用率和产出率;全面启动农村宅基地整治,鼓励农民自愿退还宅基地,促进农村人口的转移和集中。强化农村新社区规划建设工作,全面推进"百村示范、千村整治"工作,推进农村新居集聚建设和配套服务设施建设,按照城市/镇社区标准建设高标准农民住宅小区。

实现城乡基础设施建设一体化。以交通一体化为推进城乡一体化的突破口,形成内外衔接、城乡互通、方便快捷的交通网络。按照城市服务设施的标准,建设农村居民公用服务设施,实现供水、燃气、网络城乡一体化建设。

实现城乡产业发展一体化。充分发挥区域经济的"集聚效应"与"扩散效应",构筑城镇与乡村产业结构布局合理、市场体系完善、政策制度一体、信息资源共享、交通体系完备的区域经济共同体。一是打破行政区划界限,合理配置区域资源;二是加快传统农业向现代农业的跨越;三是实施以中心工业园区为核心的集中工业化战略;四是大力发展现代物流业和旅游业;五是促进三大产业在城乡之间的广泛融合,实现城乡经济共同繁荣。

实现城乡劳动就业与社会保障一体化。建立健全城乡劳动就业一体化的管理、服务体系,完善城乡劳动力资源的优化配置,建立城乡统一的就业、失业统计制度,整合劳动就业培训资源,全面实现城乡劳动就业一体化。构筑城乡社会保障相衔接的框架体系,不断扩大覆盖面、提高农村居民享受标准,逐步缩小城乡差别。建立多层次的养老保险体系,推进城乡养老保险协调发展。建立完善的失业保险制度,深化医疗保险制度改革。改革传统的城乡社会救助制度,建立城乡一体化的社会救助体系。

实现城乡社会发展一体化。统筹城乡“两个文明”建设,大力发展教育、卫生、文化体育、科技、广电、信息等社会事业,加快现代文明向农村辐射扩散和城乡融合步伐,不断提高农村居民生活质量。

实现城乡生态环境建设与保护一体化。改善城乡生态环境,培育生态文化,逐步实现区域经济社会和人的协调发展。一是全面开展生态市和国家环境保护模范城市创建工作。二是以水污染治理为核心,进一步强化对城乡环境的综合治理。三是大力推进清洁生产。四是强化万里河道整治工作,积极实施万顷绿化和绿色通道工程,美化城乡环境。

5.2.1.4　落实推进城乡一体化的保障措施

一是营造城乡一体化工作的良好氛围。开展全方位宣传工作,建立健全城乡一体化工作组织体系,确定城乡一体化重点建设项目,明确分阶段工作目标,做好改革试点工作。

二是构筑城乡一体化创新体制机制。深化户籍管理改革,建立与市场经济体制相适应的新型户籍管理制度。打破行政界限,形成全市范围内合理的利益协调机制。按照统筹城乡经济社会发展和深化财税体制改革的要求,建立完善的公共财政体制,增加对农村的投入力度。建立多元化投融资体制,积极引导社会各项经费投入城乡一体化建设。深化完善征地制度改革,切实保障农民土地权益。

三是夯实城乡一体化经济基础。抓住国家及省委重大战略实施机遇,将自然区位优势进一步转化为现实经济优势。加快环杭州湾产业带嘉兴产业区的建设,大力发展开放型经济,进一步夯实城乡一体化的经济基础。

四是落实农业农村“五个行动计划”。贯彻执行中央关于农业结构调整方针,加强农业科研和技术推广,加快传统农业的改造。建立财政对农业、农村投入稳定增长机制,提高农业综合生产能力和可持续发展能力。加快新农村建设,加快农民市民化。

五是高度重视"慢变量"建设。加强农村精神文明建设,传承传统文化,普及现代文明观念。加强农村教育和职业培训,提升村民的文化素质。开展"文化下乡"和"科技下乡"计划,提升农村文化水平和科技水平。

5.2.1.5 顺应开展统筹城乡综合配套改革

启动"两分两换"改革。嘉兴市在部分试点城镇启动把宅基地与承包地分开,搬迁与土地流转分开,以宅基地置换城镇房产,以土地承包经营权置换社会保障的改革。

推进城乡就业改革。嘉兴市出台多项实施意见,明确了促进城乡平等就业的总体目标和具体措施,开展创业培训服务,并完善了困难群众的就业援助制度。

深化社会保障制度改革。嘉兴市针对性完善社会保障相关政策规定,扫除城乡间在社会保险制度上的障碍,实现城乡社会保险的全面统筹。实施合作医疗实时结报制度,方便基层群众就医报销。

开展户籍管理制度改革。嘉兴市实行城乡统一的户口登记制度和户口迁移制度,并逐步改革附加在户籍制度之上的相关社会经济政策。同时推进居住证制度改革,提高新居民的居住质量。

实施涉农工作管理体制改革。首创在全市范围内组建农村合作经济组织联合会,稳步推进农民专业合作社规范化建设。

实施新市镇建设管理体制改革。按照"权力下放、超收分成、规费全留、干部配强"的原则,全面实施"完善功能、突出特色、集聚人口、做强产业"为内容的扩权强镇工作。

深化农村金融体制改革。发布政策文件明确金融改革的总体方向和目标,明确具体措施和步骤,完善金融机构建设,提升金融服务水平。

5.2.2 从多规并行到"多规合一"的空间规划体系

5.2.2.1 以科学方法构建"多规合一"规划体系

找准定位。突出"多规合一"试点成果的战略性、综合性、空间性和长期性,并将其性质定位为宏观引领的综合性空间规划;明确协调各类规划布局和优化总体空间格局的规划目的,将编制规划的方式和融合规划的过程置于重要地位;对规划期发展目标定位、空间功能布局、管控分区界线、重大设施供给、土地开发复垦、节约集约利用等进行全面规划与布局安排,体现综合协调目标。

把握关键。以土地利用总体规划和城乡规划为关键,做好"两规"在空间规模、结构、布局、边界上的衔接。通过建立差异调处机制,在统一的操作平台上对"两规"进行数据整合、图斑比对、差异分析。将城乡规划用地分类及国土用地分类按照建设用地与非建设用地进行分类处理,为后续差异比对做好基础数据口径统一。遵循"生态优先、战略优先、期限统一、城乡统筹"四大差异处理原则,完成对"两规"差异冲突的协调。

夯实基础。统一规划年限、基础数据、指标体系、坐标系统、用地分类标准、空间管制分区等标准。将 ArcGIS 作为数据处理平台,明确以第二次全国土地调查变更至最新时点的数据为"基数",结合三级土地利用规划分类和城市用地分类延伸细分建设用地,对应衔接不同规划的管制分区"三区四线",强化对城镇空间、农业空间和生态空间的边界管理和对永久基本农田保护红线、基本生态保护线、城乡增长边界控制线、产业平台区块控制线的规划保护。

明确路线。纵向上明确市县层次,市级层面重点在于市本级及中心城区、跨县域基础设施廊道构建及对县级层面的指导方面,县级层面在市级统一管控规则下,落实各项目标任务,以镇村落地为基础。横向上基于"一"和"四规"并存的现实情况,制订"总—分—总—分—总"的工作步骤和技术路线。

实施支撑。基于成熟完整的土地利用总体规划数据库系统,以统一的技术标准建立"多规合一"的核心数据库,并结合行政审批制度改革构建应用平台系统,与发改、国土、住建、环保等子信息平台建立数据关联,实现功能区块、数据、信息等动态更新,用于项目选址、规划审查、行政审批等方面,实现规划成果的"共编共用共享共管",支撑规划实施管理。

5.2.2.2　完善"多规合一"空间规划的政策措施保障

完善"多规合一"工作长效机制,有效落实市委、市政府的年度重大决策与平台建设。改革规划管理体制与机构,完善嘉兴市市域规划委员会决策职能,设立专职规划管理部门。成立专门的规划编制管理机构,专职负责规划编制,专职负责"多规合一"后续各项维护与执行工作,保障多规改革成果。

推进生态文明政策创新。完善环境政策支撑体系,进一步深化完善排污权交易制度,积极探索碳排放权交易制度,建立跨区域水环境联治联席工作机制,探索设立环境共同保护基金。

完善重大平台政策支撑措施。由嘉兴市委、市政府领导,各县市区负责领导和相关部门负责人共同组建嘉兴市重大发展战略平台建设工作领导小组,加强对重大发展战略平台建设的工作指导、上下协调、区域联动和政策支持。突破行政区划限制,由市重大发展战略平台领导小组统筹解决有关地区战略平台之间的产业定位、产业项目落地、基础设施布局、生态环境保护与改善以及利益分配等问题。

优化空间资源统筹政策。完善市与县(市、区)相结合的耕地、生态用地保护及规划空间资源区域统筹补偿机制。涉及空间资源统筹工作由"嘉兴市'多规合一'试点工作领导小组"统一协调,将空间资源统筹工作纳入县(市、区)政府考核机制。提高土地资源区域统筹市场化配置水平,建立完善耕地和生态保护补偿机制。

加强土地集约节约利用。建立健全"党委领导、政府负责、部门协同、公众参与、上下联动"的促进建设用地集约利用的共同责任机制。加大节地技术和节地模式的配套政策支持力度,建立并实施项目、城市、区域不同空间层次节地评价制度,全面推进节约集约用地评价。

加强红线管控保障。成立生态保护红线管控工作协调小组,协调处理生态保护红线管控中出现的问题。增强生态保护红线责任意识,明确区域内生态保护红线监管职责。落实生态补偿,严格管控问责,加强保护宣传工作。

5.2.3　从发展为先到生态优先的全域全要素国土空间规划

5.2.3.1　构架统筹全域全要素的国土空间规划体系

建立以总体规划为引领,专项规划、详细规划为支撑,城市设计为指引的"1+1"空间规划体系,实现一张蓝图绘到底。建立健全国土空间规划传导机制,强化纵向传导,统筹横向传导,做到总体规划、总体城市设计统筹同级专项规划、详细规划,下位规划服从上位规划。落实主体功能区配套政策。

完善国土空间规划法规政策体系,制定国土空间总体规划配套实施条例、法规、规范,确保国土空间规划管理全面纳入法治范畴。衔接国家和浙江省国土空间规划技术规范,针对规划事权管理范围出台技术规范,健全国土空间规划编制技术标准体系。

构建全市统一共享的国土空间基础信息平台,以基础地理信息成果和全国国土调查成果为基础,采用全国统一的测绘基准和测绘系统,形成全域国土空间数字化底图。建成市县镇通用、信息全面、权威统一的全市国土空间规划"一张图"实施监督信息系统,实现国土空间治理的全流程在线管理。

构建全生命周期规划实施保障机制。构建规划实施管理体系,强化总量管

控,改进计划管理,健全用途管制,确保规划得到精准落地实施;构建动态评估
调整机制,对嘉兴市国土空间总体规划落实情况开展动态监测评估预警;构建
公众参与的社会协同机制,发挥集思广益、公众监督的作用;构建执法监督和考
核机制。

5.2.3.2　完善生态文明导向的国土空间规划内容

紧扣生态文明理念,将生态优先、绿色发展贯穿始终。规划强调生态保护
与经济发展的有机融合,将生态需求纳入城市发展的全过程。通过资源环境承
载能力评价确定开发与保护规模,通过国土空间开发适宜性评价确定开发与保
护的空间格局。科学划定永久基本农田保护线、生态保护红线和城镇开发边
界,构建主体功能区规划体系,形成承载多种功能、优势互补、区域协同的主体
功能布局。

加强耕地保护,推进乡村振兴战略落实。突出对耕地资源的引领性、建设
性、管控性、激励性、创新性保护,实现耕地数量、布局、质量、产能和生态"五位
一体"保护。强化"三片七区四带"的现代农业空间格局,建设高质量的现代化
农业产业平台,增强农村经济发展潜力。优化村庄布点体系,建设宜居宜业和
美乡村。

落实生态保护工作,促进资源合理利用。构建以水乡田园为本底、以蓝绿
廊道为脉、海陆统筹的全域全要素生态系统,形成"两横九水多脉"的市域生态
网络空间格局。加强自然保护地管理,对自然资源进行科学评估和合理利用,
强化湿地、林地和海洋生态系统碳汇功能。提倡循环经济和绿色发展理念,构
建生态产品价值转换实现机制,促进资源的节约利用和再生利用,实现经济效
益、社会效益和生态效益的三重融合。

促进城镇建设用地集约节约利用,强调城乡融合的发展模式。按照"框定
总量、优配增量、挖潜存量、提升质量"的总体要求,结合人口变化、主体功能定
位等合理确定城镇建设用地规模,精准有效配置新增指标,实现"优地优用"。
规划对城市功能布局进行精细划分,充分发挥城市的引领和辐射作用,减少城
乡差距,实现城乡间的均衡发展。完善城市有机更新政策,推进城市有机更新,
提升城市空间品质。

重视打造现代产业体系。保障 G60 科创走廊创新集聚功能,建设创新高
地。大力培育"135N"先进制造业集群,打造长三角核心区全球先进制造业基
地,打造现代服务业高质量集聚地。建设支撑高质量发展的产业平台,提供产
业用地空间保障。

落实交通与基础设施规划。构建便捷安全的交通网络,建设长三角综合交

通枢纽,提高交通运输效率和质量。全域构建江南水网格局,凸显江南水乡生态特色,打造中心放射网络状特色水上客运交通系统。构建多级绿道体系,打造慢行交通系统。加强市政基础设施建设,健全公共服务设施体系,实现基本公共服务城乡全覆盖。

加强历史文化遗产保护。系统完善历史文化遗产资源名录,重点保护"一环九水、子罗双城、湖荡相间"的历史文化保护格局,结合嘉兴市域历史文化遗产的区位分布和特点,建立"一核心、一张网、三条带、五集聚、多片区"的保护展示利用网络。

塑造江南城市特色风貌。在全市规划形成"一江一河、水韵田园"的总体景观风貌。在中心城区规划形成"九水连心、一心两城、百园千泾"的整体景观风貌。全市划定八大风貌分区,加快推进城乡风貌样板区建设,并对各分区提出风貌管控要求。

实施海陆统筹的空间规划。将海洋空间纳入国土空间规划体系,形成海陆一体化的功能分区与管控体系。划定海陆开发保护空间,统筹利用海陆资源,提升海洋经济实力。统筹协调海陆生态保护修复,构建海陆统筹的山水林田湖草一体化保护和修复体系。

5.3 嘉兴市国土空间规划探索的政策启示

5.3.1 以科学思维指导空间规划工作

坚持生态保护的底线思维[1]。应将"绿水青山就是金山银山"的生态理念作为国土空间规划的根本指引和基本遵循,发展为保护服务,以保护支持发展。面对日益严峻的资源约束局面,国土空间规划必须秉持生态优先原则,以生态保护为刚性约束的底线,调整优化空间利用结构,合理安排空间开发秩序,实现区域生态文明协同共治。新时代生态文明建设的空间规划,应将国土空间规划作为促进生态文明建设的重要环节,在空间规划中重视自然生态环境的保护与修复,使城镇化发展模式更具环境保护性、可持续发展性。

坚持城乡统筹的整体思维。针对城乡二元结构带来的社会发展问题,国土空间规划需要长期密切关注并综合城乡发展需求,统筹各类空间规划要素,保

---

[1] 朱喜钢,崔功豪,黄琴诗.从城乡统筹到多规合一——国土空间规划的浙江缘起与实践[J].城市规划,2019,43(12):27-36.

障空间规划体系建设的整体性、科学性和准确性。城镇和乡村在社会、生态总系统中具有各自独特的价值和功能,对二者进行局部规划、整治、开发等,不仅需要满足城乡发展和生态保护的客观需求,也需要符合国土空间规划实现全要素全领域最优化的价值取向。统筹城乡土地利用与空间开发现状,根据供需情况调整土地利用指标分配,基于开发适宜性与土地承载力优化空间格局,保障区域内城乡供求空间的平衡发展。

坚持多元治理的互动思维。新时期国土空间规划日益关注并亟待解决的难点之一是协调多元主体的利益与诉求,这要求构建更具协调性与适应性的规划体系。从城乡统筹到"多规合一"再到生态文明建设的国土空间规划的演变,是空间规划体系随时代空间治理矛盾的变化,在复杂多元的关系网络中寻求利益与诉求协调一致并实现空间规划目标的过程。新时期的国土空间规划面对着政府、市场、社会等多元主体的复杂利益取向,应协调不同主体的利益诉求,充分尊重人民群众的意见与态度,寻求最大"公约数",强调多元治理的有效互动,实现规划多元目标间的统筹平衡。

5.3.2　优化国土空间规划编制技术

立足发展实际。一是立足城市基础[1],城市可根据自身发展阶段、发展重点、区位优势、城市特色等,确定合适的规划目标、战略和路径,聚焦重点产业、重点空间、重大项目等内容,解决城市发展与空间开发的主要问题。使规划更具有针对性,完善城市空间布局,提升空间治理能力,改善人民生活品质。二是注重与时俱进。随着改革的深入,规划编制思路与方法也应适时做出动态调整,尤其是要顺应时代需求的变化进行完善。当前我国内外部环境处于纷繁复杂的变化中,国土空间规划应统筹分析规划现状,探索城乡发展模式向可持续型转变,分析明确空间治理的未来侧重点,避免形成"路径依赖"。

明确规划边界[2]。一是国土空间规划定位要清晰。应将国土空间规划定位为承担战略引导、底线管控、宏观引领作用的国土开发利用与整治工作的长期性、引领性、基础性规划。二是明晰土地利用规划和城乡规划的内容边界,融合二者在空间规划工作中的优势,实现总体格局管控和内部功能布局的兼顾。三是注重专项规划与总体规划的衔接。以总体规划为依据落实专项规划的编制

① 陈勇,周俊,钱家潍.浙江省县市全域规划的演进与创新——从城镇体系规划、县市域总体规划到国土空间规划[J].城市规划,2020,44(S1):5-9+25.
② 张慧芳,何良将.市县"多规合一"试点经验对国土空间规划编制的启示[J].浙江国土资源,2019(3):38-40.

工作,尤其是对涉及市政公用工程设施、公共服务设施以及区域重大产业平台建设的相关专项规划加以指引。

明晰层次单元。一是市县国土空间规划以中心城区范围为重点,开展实质性与细致化的规划工作,支持区域城乡建设和产业发展。二是明确乡镇级政府在编制国土空间规划工作中的权责,使上级政府政策目标和规划指标得到落实。三是使详细规划更具针对性和有效性,对特定区域编制符合实际需要的控制性详细规划、对具体工程项目编制修建性详细规划。四是针对农村地区的规划工作,应以行政村为单位,以促进乡村振兴为主要目的,在统筹城乡发展需求与资源基础的前提下编制"多规合一"的村庄规划。

增强规划弹性。一是协调中央规划和地方发展目标。空间规划应在严格落实中央规划的刚性管控要求的前提下,统筹增量和存量空间,灵活安排地方空间保护与开发的具体格局。二是规划编制的空间"留白",如设置弹性城镇增长边界或有条件建设区、通过"初始指标＋配额指标"的方式进行地块开发管控、规划留白用地作为发展备用地等。三是增强用地功能兼容性,包括明确规划混合功能用地、鼓励探索确定主导功能土地的兼容用途、不限定土地具体用途以提高功能灵活性等,以适应经济发展的不确定性。四是规划实施的动态维护,实施过程中应做好监管工作,建立定期评估制度和动态调整更新机制,如年度评估制度,分析弹性管控要素的实施情况,为政府及时调整措施、修正目标、制定决策提供信息数据支持,增强规划适应性。

5.3.3 以高质量发展为规划重点内容

科学配置用地指标,优化城乡用地格局。县市域国土空间规划应合理分配建设用地指标,以缓解当前建设用地可用资源数量日益紧张的状况。为兼顾整体效益最优和区域发展公平,县市域空间规划应探索城乡具体单元分解指标的方法,缩小城乡发展差距,促进城乡统筹发展。在增量建设用地配置上,探索以建设用地产出效益、重大项目等级和布点状况以及城镇影响力的综合评测及管控规则为配置标准的配置体系,实现用地资源在特色小镇、小城市、中心城市中的高效配置。在乡村发展上,以促进乡村新业态发展为目标探索增设农村新用地类型。

加快存量用地更新,促进高品质空间规划。在城市区域,推进城镇闲置土地清理处置和低效用地再开发工作,探索更具人文关怀的城市更新目标、更综合的设施建设标准、更人本的景观设计导向。在乡村地区,积极推动土地综合整治工作,分类施策盘活存量用地,探索拆除复垦、改造提升、更新流转等措施,为乡村一、二、三产业融合发展提供用地空间,保障新产业新业态的用地需求,同时配套生态保护修复措施,建设现代化美丽乡村。

强化总体城市设计,助力经济高质量发展。在国土空间规划中推进总体城市设计工作,结合生态保护规划、城乡功能分区和空间规划,按照生态、生产、生活三类空间进行设计,建立完善城市生态系统,助力"两山"理念转化为绿色经济发展模式,引导城乡各类设施完善和空间景观品质提升,实现高质量发展。

5.3.4　构建合理有效的规划协调机制

首先,完善规划协调机制。优化规划管控要求"承上启下"的纵向传导机制。各层次规划既应承接上层规划要求,又应明确对下层规划的指引。根据具体情况,以预期性和建议性指标构建引导机制,同时以有效控制新增建设用地并活化存量建设用地为目标探索建立激励机制。在考虑指标约束的前提下,国土空间规划应以空间布局和空间形态为重点,以"指标"和"分区"为主要内容,构建纵向的空间传导机制。创新规划内容横向协调的体制机制。一方面,要形成覆盖全域全要素的空间统筹机制,形成生态建设统筹、环境治理协同、产业发展协调、基础设施共建、公共服务共享的区域协调机制以及主体功能区协调、城乡统筹发展、海陆统筹规划的体制机制;另一方面,要优化保障国土空间规划落实的行政审批机制、生态环境保护机制、政府责任机制等,完善国土空间总体规划,引领各类专项规划、详细规划的机制建设。

其次,建立规划管理与实施的全生命周期机制。基于实现全国数据共享与信息管理的国土空间规划"一张图"平台建设,建立全生命周期规划管理与实施机制,将现状整理、规划编制、落实传导、评估检测、反馈调整等流程涵盖其中。同时引入公众参与和部门协调机制,实现国土空间规划编制科学、项目管理系统高效、监管工作严格落实的目标。

最后,建立市场化的多元生态补偿机制。建立健全生态补偿的组织协调机制,使政府、市场、社会等主体在生态文明建设工作中的独特作用得到充分发挥。完善生态资源资产的确权管理制度,建立以生态系统服务价值评估为主、其他方式为辅的生态补偿机制。构建差异化生态补偿机制,对基本农田区、生态修复区、生态控制区、生态保护区等不同类型的生态区域采用不同的补偿标准。同时,遵循"谁保护、谁受益""谁贡献大、谁得益多"原则,财政、环保、农业等部门应对生态补偿机制实施情况进行综合考核,同时给予激励性补助,保障生态补偿得到有效落实。

5.3.5 建设互通互享的规划信息平台

推动国土空间基础信息平台和国土空间规划"一张图"实施监督信息系统的建设。实现跨部门、跨层级的空间数据汇集,加强各类信息资源的互联互通与共享融合,系统串联"调、编、征、用、督"等各环节数据,破除国土空间规划工作的信息壁垒,为实现智慧国土空间规划提供实施和效果反馈的信息平台支撑。

以第三次全国国土调查数据为基础,依据统一标准将各类国土空间相关数据进行规范化整合,包括遥感影像、规划数据、基础地理数据、审批数据等数据,使基础数据质量得到保障。以地理信息空间共享平台为基础,按照条块结合、以块为主的要求,为规划、发改、国土、环保、交通、农经以及教育等部门建立健全多方位、全过程的共建共享、协同配合机制,提供地理空间共享服务和规划要素共享服务。建立全国统一的国土空间基础信息平台,实现规划工作的纵向联动和横向连通,绘制覆盖全域全要素、动态更新的规划"一张图"。

建成国土空间基础信息平台的同时,应进一步挖掘多类型、多尺度的时空数据,结合国土空间规划分析的指标体系和评价模型,构建国土空间规划"一张图"实施监督信息系统。充分发挥"一张图"实施监督信息系统提升国土空间规划分析评价效率的作用,发挥其在空间规划成果审查与管理、实时监测评估预警规划落实效果方面的功能。通过地理国情监测,实现对各类规划实施情况的实时监督,全面掌握空间要素的时空特征和变化规律,并将高精度、高时效性的监测结果反馈到"多规合一"工作中,更好地支撑国土空间问题的对策研究工作和全域全要素国土空间规划的优化工作。

5.3.6 制定保障规划落实的配套政策

坚持"放管服"改革,着力提高行政效率。在规划编制到落实过程中,政府应加强对这一公共政策性规划的主导和统筹,同时也应简政放权、放管结合、优化服务。增强规划简政放权的精确性,涉及公共利益的规划如基础设施建设和生态、农业空间划定范围内的规划应保持或强化原有的管控力度,而以市场配置为主的规划内容则应减少政府管控。可通过控制性审查实现规划审批内容的精简,极大缩短审批时间,实现行政效率的提升。

完善国土空间规划落实的配套政策体系。加快地方立法工作的落实,将国土空间规划纳入法律保障体系,提高规划的约束力和执行力,全面助力实现规划目标。以主体功能区政策为切入点,配套完善适应空间发展需求的财政、经济、人口、土地、生态等政策①,同时做好综合交通体系、基础设施以及防灾减灾设备的规划与建设,优化国土空间规划的实施条件。同时还应构建包含历史文化保护、环境保护、生态建设等内容的政策体系,实现生态、文化与经济的协调发展,增强国土空间规划的可持续性。

增强经济支持力度,保障规划目标实现。鼓励贯彻"绿水青山就是金山银山"的生态文明理念,全面落实生态文明建设的国土空间规划目标。进一步向经济实力较弱的地区提供经济政策倾斜,促进区域经济协调发展,并辅之以转移支付手段,保障地方政府有足够的资金实力推进空间规划实施工作。增加对土地综合整治、生态环境修复等重点项目的资金投入,优化国土空间结构和布局,完善城市生态系统,提升人居环境质量,促进规划目标的实现。

---

① 姚凯,杨颖.市级国土空间规划的统筹与传导实践探索[J].南方建筑,2021(2):34-38.